KB210609

윤주당의 사계절 막걸리 레시피

윤주당의 사계절 막걸리 레시피

MAKGEOLLI

RECIPES FOR ALL FOUR SEASONS

윤나라 지음

hansmedia

PROLOGUE

술을 빚고 나서는 계절을 더욱 뚜렷하게 느끼기 시작했습니다. 술을 빚고 기다리는 게, 또 매번 반복되는 과정이 지루할 법도 한데 술을 빚는 일은 늘 새롭게 다가왔고 단 한 번도 싫증이 나지 않았습니다. 희한한 일이었습니다. 술을 담는 잔에도 관심이 생겨 오랫동안 도예도 배우게 되었고, 술을 빚고 마시고, 나누며 즐기는 이 모든 과정이 '풍류'이자 '예술'이라는 것을 깨닫게 되었습니다. 그래서 이 책에는 사계절의 술 빚기 레시피와 노하우를 담는 것에서 나아가 술을 빚고 마시는 사람만이 누릴 수 있는 특별한 즐거움과 선조들의 멋까지 담아보려 노력했습니다. 우연히 이 책을 보게 되는 해외의 독자분들이 있다면, 한국인들이 마시던 오래되고도 새로운 술인 전통주에 대해 관심을 갖고 흥미롭게 읽을 수 있었으면 좋겠습니다. 가끔씩 꺼내보는 책이 아니라 술을 빚을 때 늘 주방 한켠에 두고 참고할 만한 친절하고 친근한 안내서가 되었으면 합니다.

스무 살 무렵, 뉴욕 오프브로드웨이의 실험 극장 '라마마'에서 인턴을 했던 시절이 있습니다. 전 세계에서 모인 배우들과 연출가들이 각국의 언어와 전통 문화를 현대적으로 풀어서 춤을 추고 연극을 하고 노래하는 것을 보며 '가장 한국적인 것이 가장 세계적인 것이 될 수 있겠구나' 생각했습니다. 언어는 다르지만, 예술은 보편적으로 공감될 수 있다는 것을 깨닫는 계기가 되었지요. 몸짓과 소리, 음식과 술. 언어를 뛰어넘는 무언가가 세상에는 분명히 존재한다는 것을요. 그때부터 '나는 무엇으로 세상과 연결될 수 있을까'라는 기대감을 가지고 온전히 나의 열정을 쏟고 사랑할 만한 무언가를 오래도록 찾아 헤맸던 것 같습니다. 잘 먹고 잘 마시고 잘 노는 일은 원래 저의 전문 분야였는데, 술을 빚고 사람들과 나누는 일이 너무나 즐거워서 '드디어 평생 할 일을 찾았구나!' 하는 강렬한 예감이 들었죠.

2019년에 남산 아래 주막 윤주당을 열어 낮에는 술 빚기 클래스로 많은 분들을 만나고 저녁에는 술독에 빠졌습니다. 작년에는 이것이 결실을 맺어 운니동의 옛 운현궁 터를 운명적으로 만나게 되었고, 전통주 스튜디오와 소규모 양조장을 오픈해 문화 공간으로서 윤주당의 면모를 갖출 수 있게 되었습니다.

술은 참 신묘하게도 사람을 연결하고는 합니다. 이 과정에서 만난 다양한 인연들을 소중히 따라 가다 보니 해외에서 막걸리 클래스를 하는 기회도 생겼습니다. 해외 출장을 통해서 많은 생각을 하게 되었는데, 최근 전 세계에서 한국의 식재료와 발효에 관심이 더욱 많아진 만큼 자연스럽게 좋은 술도 찾게 되는 것 같습니다. 한식과 함께 잘 빚어진 전통주에 대해서도 체계적인 기준이 생기고 널리 소개되었으면 하고 바라봅니다.

이 책을 통해 오랫동안 이어져 내려온 한국의 문화를 경험할 수 있기를, 막걸리를 빚는 발효의 시간을 천천히 음미하며 자신이 좋아하는 계절을 술에 담아보고, 그 안에서 또 새로운 이야기를 채워가시길 바랍니다. 술을 빚기로 결심한 후 저에게 생긴 일들처럼, 어떤 흥미로운 일들이 여러분들의 인생에 펼쳐질지 몰라요. 저는 앞으로도 여행자의 마음으로 계속 술을 빚고, 마시고, 요리하면서 지구 어디에선가 막걸리로 축제를 벌이고 있지 않을까요.

엄마가 책을 쓰는 동안 뱃속에서 건강하게 자라며 함께 팀이 되어준 사랑하는 아들 우주, 부인이 한다면 무엇이든 진심으로 응원해주고 서포트해주는 든든한 내편 남편, 일하는 딸, 며느리 지지와 더불어 물심양면 육아까지 지원해주시는 친정 부모님과 시부모님, 오랜만에 제자가 전화해도 반갑게 받아주시고 가르침을 주시는 스승님, 술을 대하는 자세와 전통주를 빚는 방법뿐 아니라 한 걸음 한 걸음 나아가는 데 많은 영향을 주신 박록담 '한국전통주연구소' 소장님, 남산 아래 윤주당부터 함께 시작해 현재는 스튜디오에서 교육과 양조를 담당해주는 재주 많은 풍류꾼 양시일 팀장님, 지난 10년간의 작업을 정리해볼 기회를 주신 한스미디어 출판사와 작가에 대한 확신을 가지고 심혈을 기울여 기획하고 이끌어주신 심미안의 소유자 이나리 팀장님, 윤주당의 결을 멋진 사진으로 기록해주신 김태훈 포토그래퍼님, 아름다운 미감으로 술마다 새로운 스토리를 만들어준 푸드 스타일리스트 하다인 실장님, 막걸리가 장르이자 문화가 될 수 있다는 확신을 하게 해준, 한결같은 응원과 때로는 영감을 주는 가족 스테파니 미초바와 빈지노, 일도 삶도 즐길 줄 아는 멋지고 자랑스러운 윤주당 정규 클래스 멤버들, 그밖에 저를 믿어주시고 새로운 도전의 기회를 주신 고마운 분들과 더 성장할 수 있는 용기를 갖게 해준 분들께도 이 자리를 통해 깊은 감사의 마음을 전합니다.

CONTENTS

CHAPTER 8

신의 물방울, 소주

CHAPTER 9

부록

ABOUT TRADITIONAL LIQUORS OF KOREA

CHAPTER 1

처음 만나는 전통주

뽀글뽀글, 소곤소곤, 평생 함께해!
막걸리 발효 테라피

언제부터인가 여행을 다니다 보면 술이 뽀글뽀글 익어가는 양조장을 그냥 지나칠 수 없었습니다. '애주가라면 술 하나쯤은 빚어봐야지!' 하는 마음에 운명처럼 어느 막걸리 수업을 들었고, 수업 첫날 평생 함께할 수 있는 무언가를 찾았다는 강렬한 예감이 들었어요. 막걸리에서 향긋한 복숭아, 사과, 꽃향기를 느낄 수 있다는 사실이 너무 놀라웠죠. 아무 감미료 없이 오로지 쌀과 누룩, 물만 넣었는데도 이렇게 달콤하고 맛있는 술이 된다니! 난생처음 마셔보는 기가 막힌 맛이었어요.

술을 빚고 나면 뽀얀 막걸리만 얻을 수 있을 줄 알았는데, 와인처럼 향을 즐길 수 있는 맑은술 약주도 얻을 수 있고, 이를 증류하면 소주가 된다는 것도 알게 되었죠. 그동안 경험하지 못한 놀라운 전통주의 세계가 생각보다 우리 가까이에 있었어요. 술 빚기에 빠져들수록 이러한 문화를 더 많은 분들께 널리 알리고 싶다는 사명감도 불끈 생겼습니다.

낭만이 전부!
발효의 세계

전통주는 배우면 배울수록 빚으면 빚을수록 끝을 알 수 없는 묘한 매력이 있습니다. 쌀을 씻어 고두밥을 짓고, 술을 빚고, 발효를 기다리고, 술을 거르는 과정 자체도 큰 즐거움이었지만 복잡하고도 알 수 없는 발효의 세계는 매번 새롭게 다가왔어요. 과학적이고 체계화된 현대 양조에서는 "이 공식으로 술을 빚으면 결과가 이렇게 나와야 해!"라고 이야기하지만 정성을 쏟아 내 손으로 무언가를 빚는다는 것은 늘 새로운 기대감으로 가득 차게 해주었지요. 마치 흙을 성형해 불의 힘을 믿고 구워내는 도자기처럼 자연에서 얻은 재료에 곰팡이와 효모의 힘을 빌려 술을 빚고, 발효의 과정을 기다리는 일련의 행위가 예술 같다고 느껴질 때가 많았어요. 예측 불가능함이 주는 신비로움, 뽀글뽀글 술이 끓어오르는 발효의 소리를 듣다 보면 결과보다는 과정이 주는 즐거움을 깨닫게 됩니다.

다른 나라의 술은 보통 가을부터 추운 겨울까지 특정 시기에 양조하는 경우가 많은 반면 우리나라의 술은 계절이 변화하는 것을 즐기며 열두 달 내내 다양한 재료로, 날씨와 온도에 따라 방법을 달리하여 빚는다는 특징이 있어요. '쌀로 빚는 곡주'라는 특징은 쌀을 주식으로 하는 동아시아 문화권에서 흔히 볼 수 있는 술의 형태이지만, 아마도 우리나라 전통주만큼 계절감과 지역적 특색, 양조 방법의 다양성을 느낄 수 있는 술은 없을 거예요. 봄에는 푸른 잎과 만발한 꽃을 넣은 싱그러운 술을 빚고, 여름에는 뜨거운 태양의 기운을 불어넣은 과하주를, 가을에는 풍성한 수확의 기쁨이 가득한 오곡주를, 겨울에는 추운 날씨를 이용해 장기 발효주를 만들어 차가운 공기의 상쾌함과 고고한 절개를 한 잔의 술 안에 담아냅니다.

술을 빚는다는 것은 단순히 음료를 만든다는 일을 넘어 우리에게 훨씬 더 고차원적인 기쁨을 안겨줍니다. 바쁜 일상에서 내 몸의 감각을 깨우며, 자연의 순환과 매일의 삶 속에서 변화하는 시간의 흐름을 느낄 수 있어요. 발효라는 기다림의 과정을 겪으며 때로는 현대 사회의 벽에 부딪힌 우리 스스로를 치유할 힘을 얻기도 한답니다. 기회가 된다면 사랑하는 사람들과 직접 빚은 술을 나눠보세요. 술자리는 더욱 행복해지고 대화도 풍성해질 거예요.

전통주란 무엇일까요?

전통주는 주세법과 '전통주 등의 산업 진흥에 관한 법률(전통주산업법)'에 따라 민속주와 지역 특산주로 구분됩니다.

1 ___ 주류 부문의 국가 무형문화재 술(문배주, 교동법주, 면천두견주), 시도 지방 무형문화재(32종) 보유자가 제조한 술

2 ___ 주류 부문 식품 명인이 만든 술

3 ___ 농민 또는 농업 경영체에서 지역 농산물을 주 원료로 제조한 술 (지역 특산주)

이 세 가지 요건 중 하나만 충족하면 전통주로 인정받을 수 있으며 온라인에서 판매도 가능합니다. 전국 각지의 양조장은 지역 특산주 면허를 갖고 있는 곳이 대부분이에요.

* 2021년 말 기준 전통주 제조면허는 1,401개(민속주 52개, 지역 특산주 면허 1,349개)
* 2023년 기준 전국 소규모 양조장의 수는 359개로 집계되고 있습니다.

-국세청 통계자료 참고

역사에 기록된 술 이야기,
삼국시대부터 근현대까지

인류가 최초로 마셨던 술은 야생 효모와 당분이 만나 자연 발생한 꿀술 또는 과일술이라고 합니다. 우리나라에서도 농경사회 이전에는 이런 자연 발효주를 마셨을 것이라 짐작됩니다. 3세기 이전 한반도 내 주민들의 생활 내용이 실려 있는 중국 삼국지 《위지동이전》에는 부여, 고구려, 진한, 마한의 영고, 동맹, 무천 등의 제천행사 때 사람들이 밤낮으로 춤추고 노래하고 술 마시고 즐겼다는 기록이 있어요. 이를 통해 술을 매개로 음주가무를 즐겼던 우리 민족의 생활상을 엿볼 수 있습니다. 추수에 기뻐하고 하늘에 감사를 드리는 제사를 올릴 때도 술은 필수였습니다.

삼국시대 이후에는 쌀농사가 시작되면서 술을 빚는 기술이 점점 발달하고 누룩으로 술을 빚은 곡주를 마셨을 것으로 여겨지는데, 일본 《고사기》(712년)의 기록을 보면 "백제 사람 인번(仁番)이 일본으로 와서 술을 빚어 응신천황에게 바쳤더니 왕이 술을 마시고 기분이 좋아 노래를 불렀다"라고 전해집니다. 백제인 인번은 현재 규슈 사가현의 한 신당에 주신으로 모셔져 있답니다. 경주의 동궁과 월지에 가보면 통일신라 시대 귀족들의 술놀이인 '유상곡수연(流觴曲水宴)', 즉 술잔을 물에 띄워놓고 시를 지으며 풍류를 즐겼던 포석정을 만날 수 있습니다. 당시 귀족들이 술놀이를 할 때 사용했던 14면체 주사위인 주령구도 출토되었는데, '늦게 도착한 사람 세 잔 연속 마시기', '엉덩이로 이름 쓰기' 같은 술자리 벌칙이 적혀 있어 우리 민족의 뿌리 깊고도 흥미로운 술자리 문화를 엿볼 수 있습니다.

고려시대에 들어서면서 술 빚기는 더욱 발전하게 됩니다. 《고려사》(1053년)에는 궁중에 양온서라는 술 빚는 기관을 두어 술을 관리했다는 기록이 있습니다. 사찰에서는 스님들이 행사에 쓰일 술을 빚거나 팔기도 해서 지금까지도 몇몇 사찰에는 술 빚는 법과 누룩 띄우는 법이 대대로 내려오고 있어요. 12세기에 송나라 서긍이 고려를 둘러보고 쓴 《고려도경》을 보면 "서민들이 집에서 마시는 술은 맛이 싱겁고 빛깔이 진한데 아무렇지 않게 마시면서 모두 맛있게 여긴다"고 쓰여 있어 이때부터 탁주는 서민들이 즐겨 마시고, 맑은술은 고급 술로 취급되었다는 것을 알 수 있습니다.

조선시대에는 유교의 영향으로 잔치에 손님을 치르거나 제사를 지낼 때 술이 빠지는 일이 없었습니다. 궁에서는 내의원과 사온서에서 술 제조와 공급을 체계적으로 관리하였고, 장과 김치를 담그듯 집집마다 자신만의 지역적 특색이 있는 재료와 양조법으로 다양한 술을 빚게 되어 가양주 문화가 꽃을 피웠습니다. 《증보산림경제》,《음식디미방》,《산가요록》,《양주방》,《임원경제지》 등 술 빚는 방법과 누룩 띄우는 제조법이 쓰인 문헌도 많이 남아 있으며, 이 문헌들에 기록된 술의 종류만 해도 600여 종이나 되어 현대의 양조에도 많은 영감을 주고 있습니다. 고려시대에는 멥쌀술을 위주로 빚었다면 조선시대에는 찹쌀술로 덧술을 하는 이양주 이상의 술 빚기가 유행하며 각 지역을 대표하는 명주가 등장하게 됩니다. 대표적으로 경주의 교동법주, 문경 호산춘, 서울 약산춘과 삼해주, 관서 감홍로, 평양 문배주 등이 있습니다.

조선의 왕들은 가뭄과 흉작, 기근이 닥칠 때마다 술을 금지하며 통치의 수단으로 삼곤 했습니다. 특히 영조의 재위 53년 동안에는 가장 많은 금주령이 내려졌는데 그 기간도 길었고 술 마신 자에 대한 처벌도 무척 가혹했다고 합니다. 종묘 제례때 쓰이는 술도 감주로 바꿀 정도였답니다. 잦은 금주령에도 몇 가지 경우에는 술을 마시는 것이 허락되었는데 대표적인 예로 늙고 병든 사람이 약으로 마시는 술이었습니다. 좋은 음식과 약, 그리고 술은 근본적으로 하나라고 생각했기에 아플 때도 술을 권하는 약주(藥酒) 문화가 지금까지도 내려오고 있죠.

그러다 일제강점기에는 술 문화에 큰 변화가 찾아오게 됩니다. 1909년 주세법이 제정되면서 일제는 술에 세금을 매기기 시작했고, 집집마다 자가 양조 면허를 취득해야 했습니다. 당시 자가 양조 면허 발급이 30만 개에 달했지만, 1934년에는 면허 제도가 완전히 폐지되었습니다. 이는 우리술 문화에 큰 타격을 주게 됩니다. 또 강력한 주세법 시행과 양조장 통폐합 정책으로 인해 1910년 당시 약 15만 개에 달했던 주류 제조장 수가 급격히 감소했고, 수많은 주막도 사라지게 됩니다. 전국에 전통주 양조장이 1400개 남짓인 현재와 비교하면, 당시의 규모는 지금보다 10배 이상 많았습니다.

세월이 흐르며 가양주 문화는 단절되었고, 전국 각지에서 전해지던 다양한 전통주들은 밀주로 취급되어 단속의 대상이 되었습니다. 그 결과, 전통주는 점차 역사 속으로 사라질 위기에 처했습니다. 누룩으로 빚던 술들은 일본식 발효제인 입국과 효모, 밀가루를 이용해 빠르게 생산되는 방식으로 대체되었고, 이로 인해 막걸리는 값싼 술이라고 여겨졌어요. 또한 전통주는 시대에 맞지 않는 술로 인식되며 점차 대중의 관심에서 멀어졌습니다.

이후 오랜 시간이 지나 1995년에 밀주 단속이 폐지되면서 가정에서도 다시 술을 빚을 수 있게 되었습니다. 최근에는 지역 특산주의 온라인 판매, 소규모 양조장 창업, 가양주 교육 등으로 전통주에 대한 관심과 소비가 이전보다 활발해지면서 잊혔던 우리술 문화가 서서히 재조명되고 있습니다.

지난 몇 년 사이에 한국 문화 콘텐츠와 한식에 대한 세계인의 관심이 폭발적으로 늘어나면서, 자연스럽게 한국인의 술 문화에 대한 호기심도 높아지고 있다는 것을 몸소 체감하고 있습니다. 전통주를 통해 우리는 새롭고도 오래된 과거와의 연결을 경험하게 됩니다. 새로운 시도와 전통에 대한 연구를 통해 막걸리는 단순히 과거의 유물로 존재하지 않고 한국 문화의 중요한 일부로 인정받으며 과거와 현대를 잇는 술로 거듭나고 있습니다. 앞으로는 우리술이 갖고 있던 다양성을 더욱 회복하여 사랑을 받고, 더 많은 사람이 전통주를 통해 한국의 매력을 발견할 것으로 기대합니다.

탁주/약주/소주의 구분

전통주는 특성에 따라 크게 세 가지로 나뉩니다. 이 술들은 모두 하나의 근본을 가지는데, 쌀로 빚은 술을 거르면 나오는 뽀얀 술 탁주에서부터 시작됩니다. 거르는 방법에 따라서, 여과 또는 증류 여부에 따라서 술이 나뉘는 것이죠. 이 책에서는 세 가지 술 종류를 모두 소개하고 담았습니다. 탁주와 맑은술은 전분이 가라앉은 앙금의 여부로 구분합니다.

탁주

탁주는 술을 거른 탁한 상태 그대로 마시는 술을 뜻합니다. 여과되지 않은 전분이 남아 있어 술 빛깔이 희고 뽀얗습니다. 막걸리는 탁주와 같은 개념으로, '마구 + 거르다'라는 뜻에서 유래한 19세기부터 사용된 순우리말로 알려져 있습니다. 따라서 '지금 막 신선하게 거른 술' 또는 술을 거르는 모습에서 파생된 '거칠게 거른 술'이라는 의미로 해석할 수 있습니다. 알코올 도수는 제조 방법과 거르는 시기에 따라 달라지는데, 보통 단양주의 알코올 도수는 12~15%이며, 때로는 20%까지도 올라갑니다. 원주에 물을 타서 희석하거나, 지게미로 물을 덧대 술을 끝까지 짜낸 것도 막걸리로 부를 수 있습니다. 떠먹는 술, 이화주도 탁주의 한 종류입니다.

맑은술(약주 또는 청주)

술이 다 익으면 표면에 떠 있던 고두밥이 가라앉고 맑은 술이 뜹니다. 이 부분만 떠내거나, 탁주를 자연 침전한 뒤 얻는 투명하고 맑은 술을 가리키는 말입니다. 단양주만 잘 빚어도 맑은술을 충분히 얻을 수 있어요. 예로부터 맑은술은 약주, 청주라고 모두 불렸지만, 일제강점기에 주세법이 등장하면서 일본식 주세법을 따라 일본식 쌀누룩인 코지와 원료를 쌀로만 하는 술을 청주로 규정해 놓았기 때문에 밀 누룩과 잡곡까지 사용하는 한국 술은 청주라는 말을 못 쓰고 약주로 구분되어 버렸습니다. 언젠가는 청주라는 이름을 되찾아 오길 바라며, 이 책에서는 맑은술로 이야기하겠습니다. 숙성이 잘된 맑은술 한 잔은 다양한 꽃과 과실 향이 조화를 이루어 우리에게 큰 감동을 줍니다.

소주

소주는 증류주로, 탁주나 약주를 증류하여 만든 술입니다. 일반적으로 알코올 도수는 45~50% 이상으로 높은 편입니다. 소주는 쌀, 보리, 밀, 고구마 등 다양한 곡류를 원료로 하며, 특히 잡곡을 넣어 만든 소주는 풍미가 굉장히 좋습니다. 원나라 때 아라비아의 증류 기술이 몽고인을 통해 한반도에 도입되어 소주를 마시기 시작했고, 몽고군의 병참기지가 있었던 안동, 제주, 개성의 소주가 특히 유명했습니다.

꽃잠

탁주
지리산옛술도가
경남 함양

매일 반주로 곁들일 데일리 막걸리를 찾는다면, 바로 꽃잠입니다. 자글거리는 천연 탄산, 사람을 품어주는 지리산을 닮은 술 한 잔에 속세에서의 고단한 마음이 시원하게 뚫리는 것만 같습니다. 좋은 술에 대한 철학을 우직하게 지키고 있는 술도가의 주인장이 어머니에게 배운 방법 그대로 빚고 있는 멥쌀 막걸리입니다. 매우 산뜻하고 경쾌한 산미가 있어 쌀밥, 나물 반찬, 제육볶음 등과 궁합이 좋습니다.

지란지교

탁주
친구들의술
전남 순창

발효의 고장 순창의 술도가에서 직접 띄우는 자연 발효 누룩과 맑은 지하수로 빚은 술입니다. '순창 백일주'를 재현하여 100일간 발효하고 저온에서 숙성해 전통주가 낼 수 있는 우아한 향을 잘 느낄 수 있어요. 입안에 휘몰아치는 다채로운 향과 맛, 깨끗한 산미를 지니고 있어 해산물과 무척 잘 어울립니다. 외국인 친구에게 첫 번째로 추천하고 싶은 술이기도 합니다. 탁주뿐 아니라 지란지교 약주도 꼭 드셔보세요.

삼해소주

증류주
삼해소주
서울 마포

정월부터 돼지날마다 세 번 빚는(밑술 제외) 삼해주를 증류한 소주입니다. 서울시 무형문화재 제8호, 서울 마포구의 삼해소주가에서 (故)김택상 명인의 제자들이 명맥을 이어가고 있습니다. 쌀과 누룩으로 빚고 내린 소주의 특징이 모두 담겨 있어요. 높은 알코올 도수 45%에 비해 부드러우며 풍부한 향을 즐길 수 있습니다. 맑은 탕과의 페어링을 추천합니다.

송화백일주

증류주(리큐르)
송화양조
전북 완주

완주의 수왕사 주지 스님들에게만 고려시대부터 전수되어 오는 비법으로 빚는 증류주입니다. 우리나라 식품명인 1호이신 벽암스님이 빚고 있어요. 산수유, 오미자, 구기자, 송화, 솔잎 등이 들어가는데, 한 모금조차 삼키기 아까울 정도로 한국적인 깊은 향을 간직한 술이에요. 술을 머금고 눈을 감으면 아름다운 수묵화가 그려집니다. 잘 말린 육포와 육전 등 소고기와 페어링해보세요.

면천두견주

약주
면천두견주 보존회
충남 당진

봄이면 산에 만발한 진달래 생화와 찹쌀로 빚는 이양주입니다. 충남 당진 면천 지역에서 고려시대부터 빚어졌다고 알려진 약주로 깊은 감칠맛과 달콤함을 지녔습니다. 이 동네는 밥상에도 맑은술만 올렸다고 해요. 매년 봄에 두견주 축제가 열리고 있으니 꽃구경 겸 술놀이를 떠나보세요. 곁들이는 음식으로는 장을 넣어 요리한 돼지갈비찜을 추천합니다.

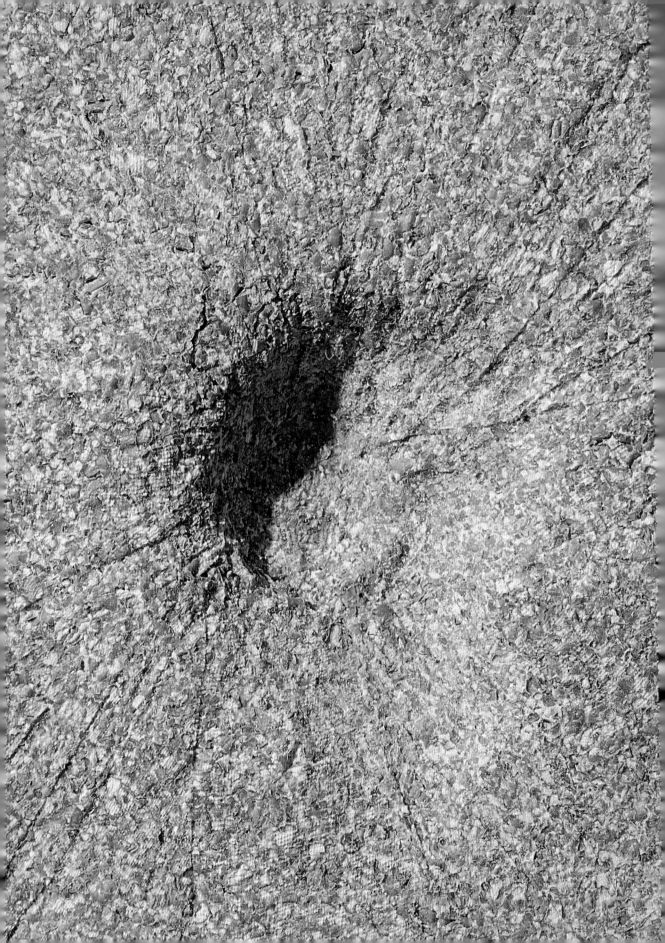

THE BASICS OF FERMENTATION

CHAPTER 2

술을 빚기 전에,
발효의 기초 익히기

쉽게 알아보는 알코올 발효의 세계

과일이나 꿀 같은 당질 원료는 효모를 넣어주면 술이 되는 단발효주(單醱酵酒)인 반면, 전분질 원료인 쌀이나 잡곡으로 빚는 전통주는 효소가 전분을 포도당으로 변환한 후 효모가 이를 발효하는 병행복발효주(竝行復醱酵酒)입니다. 당화가 충분하지 않으면 효모의 먹이가 부족해 발효가 제대로 이루어지지 않아 초기에 술이 시어지거나 술이 실패할 수 있습니다. 반면에 당화가 잘되었는데 효모의 상태가 좋지 않으면 알코올 도수가 오르지 않아 그냥 단 음료가 될 수 있어요. 여러 번 술을 빚으며 곡물의 당화와 알코올 발효 과정을 이해한다면 좋은 술을 빚을 수 있습니다.

발효 과정 = 쌀(호화) + 누룩 + 물

곡류의 전분을 누룩 속의 효소(아밀레이스)가 포도당으로 분해(당화)
⟶ 효모가 당을 먹고 알코올과 이산화탄소 배출

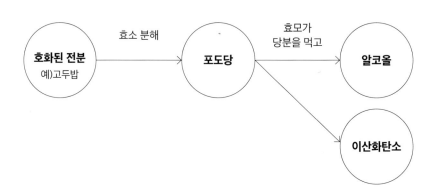

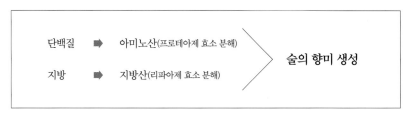

* 발효 중 생성된 다양한 유기산이 고급 알코올과 반응하여 에스터류를 형성하며, 이는 술의 과일 향과 꽃향기 등 풍부한 향미를 만들어내는 데 중요한 역할을 합니다.

단양주와 이양주, 삼양주의 구분

전통주는 술을 빚을 때 재료를 더하는 횟수가 다양하며, 계절과 지역에 따라 여러 양조 방법이 존재합니다. 우선 쌀을 가공하는 방법으로는 죽, 범벅, 떡, 고두밥 짓기 등이 있으며, 단양주를 만들 때는 주로 고두밥을 사용해 알코올 도수를 높이고 맛을 내는 데 집중합니다.

밑술　효모 증식을 목적으로 죽, 범벅, 떡 등으로 빚는 첫 번째 술. (쌀+물+누룩)

덧술　맛과 양, 알코올 도수 등 주질을 결정하는 두 번째 술 빚기 과정.
　　　주로 고두밥을 이용.

이양주 이상의 술을 양조할 때 필요한 밑술을 만들 때는 먼저 생쌀을 죽, 범벅, 떡으로 가공해 밑술을 만들고 발효한 후 효모의 개체수가 정점에 있을 때 덧술 작업을 해줍니다. 덧술 횟수는 여러 번으로 늘릴 수 있지만 보통 이양주와 삼양주로 많이 빚습니다. '서울시 무형문화재 제8호'인 궁중술 '향온주'는 겨울철 저온의 환경에서 미생물의 활동이 약해질 때 안정적인 발효를 위해 10회나 덧술을 했다고 합니다.

단양주　　한 번 빚은 술 (이화주, 일일주, 오메기술, 층층지주, 부의주 등)

주로 고두밥이나 백설기로 한 번 빚어서 빠른 시일 내에 발효하는 술이에요. 곡물의 전분에 빠르게 효소가 침투해 당화가 되어야 효모가 증식되고 발효가 시작됩니다. 초기에 술덧이 오염되면 발효에 문제가 생길 수 있기 때문에, 누룩의 양을 늘리거나 누룩을 물에 불려서 쓰는 등 발효 온도를 높여주는 방법을 사용합니다.

이양주　　밑술 + 덧술 1회 (석탄주, 호산춘, 방문주, 백일주, 청명향, 소곡주 등)

죽이나 떡으로 밑술을 만들면 1~2일 내에 술이 끓어오르는데 이때 고두밥을 추가해주면 됩니다. 이양주에는 100일 정도 발효되는 술이 많아요. 천천히 발효되는 과정에서 술의 향기가 정말 좋아진답니다. 알코올 도수를 높이고 싶거나 원하는 술의 양이 많을 때 이양주를 빚어보세요. 이양주는 맑은술로 마시는 것을 특히 추천합니다.

삼양주 이상　　밑술 + 덧술 2회 이상 (삼해주, 삼오주, 벽향주 등)

겨울철 추운 날씨에 술을 빚을 때 사용할 수 있는 방법이에요. 이양주보다 효모의 힘이 강해서 술이 세차게 끓어오르는 것을 확인할 수 있어요. 알코올 도수는 높지만 충분히 발효하고 숙성하면 부드러운 술을 맛볼 수 있답니다.

누룩의 연금술

누룩이란?

누룩은 당화와 발효 과정에 꼭 필요한 필수 발효제로 곰팡이와 효모의 집합체입니다. 생밀과 생쌀처럼 익히지 않은 날곡류를 물로 반죽해 따뜻하고 습한 곳에서 띄우면 자연적으로 곰팡이가 번식되어 효소가 분비되고 효모가 생성됩니다. 전통주의 가장 큰 특징은 자연 발효된 천연균을 사용하며, 인공 배양한 균을 사용하지 않는다는 점입니다. 이는 자연의 흐름을 그대로 반영하는 우리술의 정체성이라고 할 수 있어요. 누룩은 술의 당화와 발효에 영향을 줄 뿐만 아니라 향과 맛에도 큰 변화를 주는데, 누룩 안의 다양한 미생물 덕분에 매우 복잡하고 미묘한 향과 맛의 술을 만들 수 있답니다.

* 직접 띄운 누룩일수록 당화력이 좋은 편이에요. 역가(당화력) 300sp~500sp

곰팡이	당화제 (백국균, 황국균, 흑국균, 거미줄 곰팡이 등이 분비한 효소)
효모	발효제 (양조용 효모, 비양조용 효모)
세균	젖산균, 바실러스균 등

그 외 발효제로는 아래의 세 가지가 있는데, 모두 당화제로서의 역할만 합니다. 효모를 갖고 있지 않아서 따로 투입해주어야 해요.

조효소제

당화력이 높은 곰팡이만 찐 밀에 배양한 당화제

* 역가 1800sp~2500sp(무증자용)

입국(koji)

찐 쌀 또는 찐 밀에 백국, 황국균을 뿌려 25℃의 온도에서 3~4일만에 띄운 일본식 누룩으로 많은 양조장들이 막걸리 제조에 사용

* 역가 60sp

정제효소제

효소 배양물을 분리해 정제한 것으로 강력한 당화 효소제

* 역가 15000sp

나만의 막걸리 디자인하기

술과 발효에 대한 기본적인 개념을 이해했다면 이제 언제든지 집에서 술을 빚을 수 있다는 자신감이 생겼을 거예요. 쌀과 물, 누룩 이렇게 세 가지 재료만 있다면 사계절 내내 막걸리를 빚을 수 있답니다. 언제 필요한 술인지, 누구와 함께 마실 것인지, 어떤 맛을 원하는지에 따라서 술 빚는 방법과 발효 기간이 달라질 수 있어요.

술이 빨리 필요할 때는 단양주를 빚고, 달콤한 맛을 원할 때는 쌀과 물의 비율 1:1을 기준으로 물을 적게 넣어주고 발효가 끝나기 전에 술을 거릅니다. 반면 드라이한 술을 원한다면 쌀보다 물을 1.2배 정도 더 넣어주고 알코올 발효가 스스로 멈출 때까지 충분히 발효해줍니다. 단양주를 빚을 때는 쌀을 불리는 시간부터 술 빚는 시간까지 꼬박 하루가 걸리고, 이양주 이상의 술을 빚을 때는 최소 2박 3일 정도가 필요해요. 한밤중 자는 시간을 이용해 쌀을 불리고 이른 아침부터 술을 빚는 것을 추천합니다. 술의 알코올 도수를 높이고 싶을 때는 이양주 이상의 방법으로 빚어 저온 숙성에 도전해보세요. 천천히 기다려야 하지만 아주 고급스러운 맛의 맑은술을 얻을 수 있으니까요. 스스로의 상상력을 마음껏 동원해 계절감을 살린 부재료를 자유롭게 활용해보고, 나만의 취향을 담은 멋진 술을 빚어보세요.

더운 여름에도 추운 겨울에도 발효는 즐거워

집에서 술을 빚을 때 가장 신경을 써야 할 부분은 발효 온도 관리입니다. 좋은 재료를 구해서 술을 빚어놓았는데 아침 저녁으로 온도 차가 심하면 술맛도 좋지 않아요. 그래서 발효 시에는 항상 일정하게 온도를 유지해주는 게 좋습니다. 발효 온도를 관리하는 노하우는 바로 아이스팩과 전기방석, 그리고 온도계입니다. 무더운 여름에는 발효통을 박스에 담아 아이스팩을 아침저녁으로 교체해주고 추운 겨울에는 전기방석 위에 두꺼운 책을 놓고 발효통을 올린 다음 효모가 좋아하는 온도인 20~25℃를 유지해주세요. 미니 와인 냉장고를 활용해 저온 발효를 해보셔도 좋습니다. 온도 관리만 잘해주어도 술맛이 정말 달라집니다.

윤주당이 알려주는 술 잘 빚는 방법

1. 깨끗하고 좋은 재료를 골라주세요.
2. 내가 어떤 술을 빚고 싶은지 머릿속으로 그려보세요.
3. 처음부터 끝까지 술 빚는 과정을 기록하는 습관을 가져보세요.
4. 술 빚는 도구는 사전에 철저히 소독해주세요.
5. 온도는 늘 일정하게 관리해주세요.
6. 변화무쌍한 발효 과정, 관심과 정성이 술의 성패를 좌우한답니다.

BREWING INGREDIENTS AND SUPPLIES

CHAPTER 3

술 빚기 준비물 소개

술 빚기의 기본이 되는 재료를 소개합니다.
술을 빚는 재료는 자연으로부터 얻는데, 전분질 재료인
쌀과 깨끗한 물, 잘 띄운 누룩 이렇게 세 가지가 필수입니다.
재료는 술맛과 향에 직접적인 영향을 주니 항상 좋은 품질의 재료를 구해주세요.

기본 재료 소개

쌀

쌀은 전분, 단백질, 지방, 무기질, 비타민 등으로 구성됩니다. 과일이나 꿀로 술을 만들면 효모가 즉시 당을 먹고 알코올 발효를 진행할 수 있는데, 쌀과 같은 곡식으로 술을 빚을 때는 꼭 열을 가해 전분을 풀처럼 끊어주는 '호화 과정'과 효소가 전분을 포도당으로 전환시키는 '당화 과정'이 필요합니다. 그래서 맛있는 술을 빚기 위해서는 좋은 쌀을 고르는 것부터 밥을 짓는 일까지 모든 과정을 세심하게 신경 써야 한답니다.

우리나라에서 재배되는 쌀은 주로 자포니카종으로, 크게 멥쌀과 잡곡인 찹쌀로 구분됩니다. 멥쌀은 아밀로펙틴과 아밀로스로 구성되는데 아밀로스 때문에 밥이 딱딱하게 쪄지는 편입니다. 찰기가 좋은 찹쌀은 대부분 아밀로펙틴으로 구성되는데 호화가 잘되어 멥쌀보다 더 부드럽게 찔 수 있습니다. 찹쌀은 효소 침투에 의한 당화가 잘 이루어지니 초기 발효가 잘 진행되고, 발효되지 못하고 남은 당으로 더 농밀하고 달콤한 술을 빚을 수 있지요. 멥쌀이나 현미로 술을 빚으면 당화가 어려워 발효되지 못한 술지게미가 많이 남아요. 술을 빚는 목적과 취향에 따라 쌀을 선택해주세요.

현미는 벼에서 왕겨만 제거한 쌀로, 영양소가 풍부합니다. 단단한 껍질에 감싸여 쌀이 잘 쪄지지 않고 발효가 되지 않아 술이 시어질 가능성이 있습니다. 하지만 잘 빚으면 현미의 풍부한 영양소가 때로는 독특한 향미를 생성하기도 합니다. 현미로 빚는 술은 어느 정도 실력이 숙련되었을 때 만들어보세요.

좋은 쌀 고르는 방법

쌀알 크기가 균일하고 신선한 햅쌀, 도정한 지 30일 이내의 쌀로 단백질이 적은 것이 좋습니다. 쌀에는 여러 가지 품종이 있는데 고두밥을 잘 찌는 팁을 드리자면, 한 가지 품종을 정해 술을 빚는 것을 추천합니다. 같은 품종으로 고두밥을 만들면 쌀 알갱이 크기, 수분도가 일정하여 골고루 익힐 수 있어 좋습니다. 쌀의 크기가 제각각이면 고두밥이 지어지는 시간도 달라져서 진밥, 고두밥 등 여러 층의 밥이 완성되고, 그 결과 당화되고 발효되는 시점도 달라지게 됩니다. 눈으로 쌀이 깨졌는지 싸라기가 났는지도 잘 살펴주세요. 쌀의 모양이 온전한 것이 좋습니다. 쌀가루가 많이 난 쌀로 고두밥을 지으면 그 부분만 떡이 되어버려요. 도정하고 오랫동안 보관된 쌀은 지방이 산화되어 누르스름해지는데 이런 쌀로 술을 빚으면 술 색도 어두워지고 좋지 않은 냄새가 생길 수 있습니다.

물

쌀, 물, 누룩 세 가지 재료 중에서 물은 넣은 그대로가 술이 되니 직접적으로 술맛을 결정하는 중요한 요소라 할 수 있습니다. 조선시대에 쓰인 문헌의 술 빚기 부분을 보면 샘물, 우물물 등 특정한 술을 만들 때 어떤 물을 사용해야 하는지에 대한 힌트가 나와 있어요. 그만큼 물이 술에 많은 영향을 끼친다는 것이겠지요. 우리가 마시는 탁주와 약주는 발효주라서 부드러운 물, 즉 연수로 술을 빚는 것이 좋습니다. 미네랄이 많은 물인 경수는 증류용 술을 만드는 데 더 적합합니다. 특히 철분, 마그네슘이 많이 함유된 약수로 술을 빚으면 술맛이 강하게 써지거나 비린내가 날 수 있어요. 술을 빚을 때 쓰는 물은 중성 또는 약알칼리성이며 불소 함량이 적은 생수 또는 정수물을 추천합니다. 수돗물을 사용해야 할 때는 팔팔 끓여서 뚜껑을 열고 하룻밤 식혀 염소를 제거하면 괜찮습니다. 맛있는 물로 빚은 술이 맛도 좋다는 것을 기억하세요.

누룩

전통주를 빚는 데 필수 요소인 누룩, 이 책에서는 전통 누룩을 직접 띄우는 방법을 배울 수 있습니다.(48쪽 참고) 효소제와 효모를 사용한 막걸리와 자연 그대로의 균을 이용해 누룩으로 발효한 술맛이 매우 다르다는 것은 전통 누룩으로 빚은 술을 한 번만 경험해봐도 알 수 있습니다. 조선시대 서울 종로에는 '은국전'이라는 누룩을 사고파는 시장이 있었다고 합니다. 집에서 직접 띄운 누룩을 사용하기도 하지만 질이 좋은 누룩을 구해다가 술을 빚는 경우도 많았다는 뜻이지요.

좋은 누룩은 당화력인 역가도 높아야 하지만 건강한 술 효모와 다양한 향을 생성하는 야생 효모를 갖고 있어야 합니다. 누룩이 좋지 않으면 술이 당화되지 않거나 도수가 오를 수 없어 실패의 원인이 됩니다. 누룩을 고를 때는 한가운데까지 다양한 곰팡이균이 잘 뻗었는지, 쪼갰을 때 누룩 한가운데 색이 검지 않고 수분이 잘 마르면서 떴는지, 향긋하고 고소한 냄새가 나는지를 체크해주세요. 누룩을 집에서 직접 띄우지 못할 때는 온라인에서 구입할 수 있습니다. 가끔 시골장이나 전통시장 방앗간에서도 반갑게 누룩을 판매하는 것을 볼 수 있어요. 지역별로 누룩의 재료와 특징이 다른 만큼 다양하게 도전해보며 나와 잘 맞는 누룩을 찾아보세요.

누룩 구입처
송학곡자, 진주곡자, 금정산성 누룩, 한영석 누룩, 김포맥아 등

도구 소개

발효통

집에서 술을 빚을 때 주로 사용되는 발효통은 옹기(항아리), 유리 용기, 플라스틱 용기로 구분됩니다. 내가 빚을 술덧의 양을 미리 계산해서 용기의 70%까지 채울 수 있도록 넉넉한 사이즈의 발효통을 준비해주세요. 고두밥 무게 + 물 + 누룩 + 부재료를 합한 것이 내가 빚을 술의 양입니다. 술덧의 양이 1.5kg인데 10L 용량의 용기를 사용한다면 열을 쉽게 빼앗겨 술이 끓어오르지 못할 수 있고 술독 안에 공기 중의 잡균이 번식해 쉽게 오염될 위험이 있습니다. (스테인리스 용기는 양조장에서 대용량으로 술을 빚을 때 세척이 용이하고 가벼워서 유용하지만 집에서는 연마 작업을 많이 해줘야 하니 추천하지 않습니다.)

흙으로 빚은 옹기는 미세한 숨구멍이 있어 공기가 통하기 때문에 발효와 숙성에 도움이 됩니다. 무겁다는 단점이 있지만 벽이 두꺼워 온도 유지에도 좋습니다. 옹기를 구입할 때 납이 들어간 붉은색 광명단 옹기는 피하고 좋은 흙으로 빚었는지와 천연 유약을 발랐는지를 살피고, 사이즈에 비해 너무 무겁지 않은 것을 골라주세요. 간장, 된장, 소금 등을 담았던 옹기는 장 냄새가 술에 밸 수 있으니 되도록 사용하지 마세요. 새 술은 새 독에 담아주세요.

유리 용기는 열탕 소독이 쉬운 내열 유리 용기가 좋습니다. 옹기로 발효를 하면 궁금해서 술독을 자주 열어보게 되는데 유리 용기는 투명하기 때문에 발효가 되는 과정을 관찰하는 즐거움을 느낄 수 있어요. 뚜껑에 에어락이 달려 있으면 이산화탄소를 배출할 수 있어서 좋습니다.

플라스틱 용기는 가볍고 이동이 가능하다는 장점이 있어요. 사용하기 전에 알코올 소독을 잘 해주도록 합니다.

술 빚기에 필요한 필수 도구

큰 도구

스테인리스 찜솥(내경 30cm 추천), 스테인리스 양푼, 체(4mm, 2mm 간격의 망), 주전자, 플라스틱 비커 1L, 넓은 트레이(누룩 법제용)

작은 도구

저울, 타이머, 고두밥용 면보(사방 50cm), 식힘망, 밥주걱, 스패츌러, 소독용 알코올(알코올 함량 70%), 작은 면보(발효 용기 덮개용), 탐침 온도계, 온습도계

병입 시

시아 주머니(거름망), 양푼, 깔때기, 유리병, 내압 페트병 등

구비하면 유용한 도구

온도 조절용 아이스박스와 아이스팩

여름철 발효에 사용합니다. 아이스박스 또는 스티로폼에 발효 용기를 넣고 매일 아침저녁 얼려두었던 아이스팩을 넣어 온도를 낮춰줍니다.

미니 와인 냉장고

발효 용기가 들어가는 사이즈의 미니 와인 냉장고가 있으면 낮은 온도를 유지하며 후발효할 수 있어요. 일정한 온도를 유지하는데 매우 좋습니다.

소줏고리

막걸리나 맑은술을 증류해 소주를 내리는 데 사용합니다.

MAKING
OWN
NURUK

CHAPTER 4

직접 만드는 필수 발효제,
누룩

통밀 누룩(조곡)

WHOLE WHEAT
Nuruk

통밀을 거칠게 빻아서 만드는 조곡은 막걸리, 맑은술, 소주를 모두 빚을 수 있는
가장 기본이 되는 쓰임새 좋은 누룩입니다. 옛 문헌에서는 보통 삼복 더위에 띄운다고 하는데
한여름에 띄우면 과습이 될 수 있으므로 늦여름에서 가을까지 약 21일간 띄우면 가장 좋아요.
사실 전기방석만 있다면 사계절 내내 발효 온도와 습도를 조절할 수 있어요.
누룩에 쓰는 통밀은 토종밀인 앉은키밀, 금강밀 모두 좋습니다.

재료

거칠게 빻은 통밀 1.1kg(정미율 80%)
물 275~330ml(원재료 대비 25~30%)

준비물

누룩 틀
누룩 면보(40*80cm)
정사각 면보(40*40cm)
사과 상자
초재
온습도계

밑준비

1 통밀을 깨끗이 씻어서 바짝 말린 다음 제분소에 가서 빻아옵니다. 돌 롤러로 내리면 안 되고, 꼭 분쇄기를 사용해 거칠게 갈아야 합니다.

2 1의 과정이 어렵다면 정미소나 온라인에서 거칠게 빻은 누룩용 통밀을 구입해주세요.

3 수분이 적당한 밀이라면 물은 밀 무게의 30% 정도 준다고 생각하시면 됩니다. 빻아놓은 지 오래되어 바짝 마른 밀이라면 물이 350~400ml 정도 필요할 수 있습니다. 재료의 수분감을 항상 체크해주세요.

반죽하기

1 통밀가루에 물을 고르게 뿌려줍니다. 밀이 물을 흡수해 짙은 갈색이 될 때까지 손으로 비벼가며 반죽해줍니다.

2 반죽이 촉촉해졌다면 한 움큼 쥐어보세요. 손을 폈을 때 손바닥에 밀가루가 묻어나지 않고 반죽을 볼에 던져서 두 조각으로 쪼개진다면 딱 적당하게 완성된 반죽입니다.

POINT 마른 생밀은 발효되지 않아요. 미생물이 생길 수 있도록 꼭 전체적으로 고르게 수분을 흡수시켜주세요.

성형하기

1 긴 면보를 물에 고루 적셔 손으로 물기를 꽉 짜고 누룩 틀 위에 펼쳐주세요. 마른 면보로 하면 수분을 다 빼앗아가니 꼭 젖은 면보를 사용해주세요.

2 면보 중앙 부분이 틀 가운데 오도록 한 후, 한 주먹씩 양손으로 반죽을 쥐어 바깥 부분부터 채워 넣습니다. 가운데는 나중에 또아리를 틀거라서 반죽을 많이 넣지 않아도 됩니다.

3 남은 누룩 반죽을 틀에 꼭꼭 채워줍니다.

4 면보를 길게 잡아당겨 꼭지점 위에서부터 팽팽하게 당기며 또아리를 말아줍니다.

5 누룩 틀 가운데 또아리를 만든 후 면보 끝부분을 쏙 넣어주고 단단하게 고정해주세요.

누룩 밟기

1 또아리가 아래를 보도록 누룩 틀을 뒤집어주세요. 그 위에 정사각형의 면보 또는 깨끗한 수건을 덮고 두 발로 올라가 뒤꿈치를 굴리듯이 꾹꾹 밟아주세요. 누룩의 모양을 잡는 과정입니다.

2 누룩 반죽이 틀에 쏙 들어가고 평평해졌다면 다시 뒤집어 또아리가 하늘을 보게 하고, 30분간 반죽이 단단해질 때까지 뒤꿈치로 밟아준 다음 누룩을 천천히 빼냅니다.

POINT 누룩 중앙에 반죽이 너무 많이 들어가서 누룩이 두꺼워지면 발효 시 수분 방출이 어려워요. 누룩은 품온(누룩 내부 온도)이 올랐다 내려가기를 반복하면서 가운데까지 수분이 말라야 다 떠지는 거랍니다. 가운데 반죽이 많은 상태로 또아리를 틀어 꾹꾹 밟아주면 더 썩기 쉬우니 바깥쪽 부분을 더 채운다고 생각하며 누룩 틀에 누룩을 넣어주세요.

TIP
누룩 틀을 만들거나 구입할 수 없다면, 작은 항아리 뚜껑 또는 넉넉한 도시락통 등을 활용해 누룩을 만들어보세요.

이화곡

PEAR BLOSSOM
Nuruk

떠먹는 막걸리인 이화주를 빚기 위한 누룩입니다. 이화곡은 《음식디미방》, 《산림경제》, 《임원경제지》, 《규합총서》 등 여러 문헌에 기록되어 있어요. 이화주는 4월이 되어 배꽃이 하얗게 흐드러질 무렵 빚어서 떠먹는 술인데, 이때 이화주를 빚으려면 2월에 누룩을 띄워주는 게 좋아요. 덥고 습한 날씨를 이용해 빚는 누룩과는 다르게 이화곡은 낮은 온도가 필요하답니다. 쌀가루 100%로 만들기 때문에 쉽게 부서질 수 있어 매우 섬세하게 만들고 발효해야 합니다.

재료

멥쌀가루 1kg(멥쌀 800g)
물 200~250ml
마른 쑥, 솔잎 등 초재

준비물

중간체
고운체
위생백
저울
종이 박스
면보
전기장판
온습도계

TIP

이화곡으로 이화주뿐 아니라 막걸리와 맑은술도 빚을 수 있는데 주의할 점은 일반 밀누룩보다 당화력이 낮기 때문에 쌀 대비 30% 정도 양을 넣어주는 것이 중요합니다. 시판 멥쌀가루를 사용할 때는 꼭 습식 멥쌀가루로 준비하세요.

쌀가루 내리기

1 멥쌀을 깨끗하게 씻어주세요, 헹구기까지 10분 이내에 완료합니다.

2 볼에 멥쌀을 넣고 멥쌀보다 3배 정도 높이의 물을 넣은 다음 6시간 정도 불려줍니다.
  불린 멥쌀은 30분 정도 물기를 빼줍니다.

3 멥쌀을 방앗간 또는 떡집에서 소금, 설탕을 넣지 않고 가루로 빻아줍니다.
  습식 멥쌀가루가 있다면 이 과정은 생략해도 좋아요.

4 중간체와 고운체에 두 번 내려서 쌀가루를 곱게 만들어줍니다. 이렇게 해야 가루가
  수분을 고르게 흡수할 수 있어 매우 중요합니다.

반죽하기

1 계량된 물을 너무 차갑지 않게 비커에 담아 상온에 미리 꺼내두세요. 물을 쌀가루에
  조금씩 뿌려주며 고르게 흡수시켜줍니다. 이때 손등으로 양푼 바닥에서 쌀가루를 들어
  올리는 동작을 반복적으로 해주어 쌀가루를 뭉치지 않게 합니다.

2 물은 쌀가루가 뭉쳐질 만큼만 준다 생각하시면 됩니다. 쌀가루가 갖고 있는 수분
  함유량에 따라 물을 더하거나 빼줍니다. 쌀가루에 수분이 많았거나, 물에 오래 불렸다면
  레시피 분량인 250ml보다 덜 들어갈 수도 있습니다. 반대로 쌀가루가 말라 있었다면
  물이 더 들어갑니다.

3 손으로 다졌을 때 쌀가루가 흩어지지 않고 공 모양이 만들어진다면 다시 중간체에
  쌀가루를 내려서 다시 한 번 수분을 고르게 흡수시켜줍니다.

성형하기

1   위생백에 쌀가루 110g을 계량해서 손으로 10회 정도 단단하게 뭉쳐주세요. 동일한 무게로 만들어주어야 누룩을 띄우는 과정에서 수분을 주고받으며 고르게 발효됩니다.

2   모양이 어느 정도 잡혔으면 위생백에서 반죽을 꺼내어 손으로 50회 정도 더 뭉치고, 다시 동그란 모양을 잡아주세요.

3   표면에 실금이 간 부분이 없는지 확인하고, 울퉁불퉁한 부분은 손가락으로 매끈하게 다져주세요. 이화곡은 단단하게 뭉쳐야 합니다. 그렇지 않으면 띄우는 과정에서 품온이 올라가면서 누룩이 깨질 수 있어요.

4   성형된 이화곡은 수분이 날아갈 수 있으므로 오목한 그릇에 담은 다음 물기를 꼭 짠 깨끗한 천으로 덮어줍니다. 또는 비닐봉지에 담아주고 나머지 이화곡을 만들어주세요.

TIP

이화곡을 띄우는 초기에 회백색 털곰팡이가 생겼다면 수분 방출에 문제가 생기니 위생 장갑을 끼고 걷어주세요. 이화곡이 잘 띄워 졌는지 확인하려면 쪼갰을 때 안에 핀 균사 의 색을 보면 됩니다. 반으로 갈랐을 때 속이 하얗다면 백국균이 핀 거예요. 그럼 이화주 도 새콤하게 만들어질 거예요. 가운데 달걀 노른자 같은 황국균이 들어왔다면 달콤하고 고소한 이화주가 나올 거예요.

백수환동곡

BAEKSU HWANDONG
Nuruk

'흰머리 노인이 검은머리 아이가 된다'는 뜻의 백수환동곡(白首還童麴).《양주방》에 기록된
백수환동주를 빚을 때 사용하는 누룩입니다. 찹쌀과 녹두가 들어가서 술 향이 독특하고 정말
좋습니다. 이화곡과 비슷하게 정월에 띄우는 누룩인데, 여름에 단양주를 빚어보면 열대 과일
향이 나는 환상적인 술을 맛볼 수 있을 거예요.

재료

찹쌀 500g
거피 녹두 1kg
물 150ml

준비물

종이 상자
초재
온습도계

1 　찹쌀은 깨끗이 씻어 6시간 정도 불리고, 30분간 물을 뺀 다음 가루로 만들어주세요.

2 　김이 오른 찜솥에 껍질을 절반 이상 제거한 거피 녹두를 넣고 5분간 살짝 찝니다.

3 　찐 녹두를 넓은 채반에 펼쳐 차갑게 식혀주세요.

4 　녹두와 찹쌀가루를 양푼에 넣고 골고루 섞어주세요. 섞은 반죽을 손으로 한 움큼 쥐었을 때 끈기 있게 모양이 잡힌다면 물을 넣지 않아도 됩니다. 만약 수분이 없어 그대로 가루가 흩어진다면 150ml 내외에서 조금씩 물을 주어가며 손으로 쥐어보세요.

5 　반죽을 100g씩 계량한 다음 동그랗고 단단하게 누룩을 성형해주세요.

누룩 띄우기

1 깨끗한 사과 상자에 유기농 볏짚이나 쑥 등을 깔고 그 위에 누룩을 올려줍니다. 이때 누룩끼리 달라붙지 않게 일정하게 간격을 띄워주세요. 누룩을 두 개 이상 동시에 띄우면 품온 유지에도 좋고 누룩이 발효되며 서로 수분을 주고받을 수 있어요.

2 누룩을 한 개만 띄울 경우에는 수분을 뺏길 수 있으니 초재를 적게 넣어주세요. 겨울에는 건조하니 생잎 초재를 사용하고, 여름에는 마른 초재를 사용하는 것이 좋아요.

3 핀이 있는 온도계를 누룩 밑에 넣어준 다음 상자를 종이 테이프로 막아줍니다. 위에서 떨어지는 물기를 방지하기 위해 상자 윗부분에 얇은 천을 한 장 깔아줍니다.

4 사계절 내내 누룩을 띄우려면 전기장판이 필수예요. 한여름만 빼면 매우 유용하답니다. 평평한 바닥에 전기장판을 깔고 위에 막대 두 개를 놓은 다음, 상자와 바닥 사이에 여유 공간을 만들어주세요. 상자에 담요를 덮어주고 여름에는 저온, 겨울에는 고온으로 설정하여 온도 30~35℃, 습도 60~70%의 환경을 만들어줍니다. 너무 건조한 환경이라면 상자 안에 미니 가습기를 넣어줘도 되지만 누룩에 수분이 충분하다면 저절로 습도가 높아질 거예요. 이화곡과 백수환동곡은 25℃에서 띄워줍니다.

온도 관리하기

1   발효가 진행되며 누룩에서 서서히 열이 생길 거예요. 2~3일마다 한 번씩 누룩의 위아래를 뒤집어주고 첫 번째 일주일간은 상자 뚜껑을 항상 닫아주세요. 일주일이 지나면 수분을 날리기 위해 상자 뚜껑을 계속 열어둡니다. 나머지 7~10일은 계속 온도를 유지하며 후발효를 하면 됩니다.

2   총 21일이 될 때까지 일정한 온도를 유지하며 누룩을 띄웁니다. 겉보기에는 완성된 것 같아도 띄우기를 일찍 끝내버리면 누룩 한가운데까지 균사가 뻗어 나가지 못합니다. 품온은 통밀 누룩 기준으로 40~45℃까지 올라갔다가 서서히 내려와서 완전히 식으면 누룩 띄우기가 끝납니다. 이화곡은 이보다는 품온이 낮을 거예요.

3   잘 떠진 누룩은 반죽 상태일 때보다 20% 정도 수분이 줄어듭니다. 이화곡과 백수환동곡은 무게가 약 50%가량 감소합니다.

4   누룩 겉면 곰팡이를 솔로 잘 털어주고 쪼개서 내부의 상태를 확인하세요. 백국균, 황국균, 홍국균 등 다양한 색깔의 균사가 보이면 누룩이 잘 만들어진 거예요.

TIP

사과 상자는 겉면이 코팅되어 누룩을 띄우는 동안 수분을 유지하는 데 도움이 됩니다. 일반 종이 상자를 사용한다면 큰 비닐을 준비해서 일주일간 이불처럼 덮어두었다가 벗겨주세요. 종이상자-비닐-담요 순서로 덮어주면 됩니다.

숙성과 법제하고 사용하기

1 완성된 누룩을 그냥 두면 주변의 습기를 흡수할 수 있으니 쌀 포장지나 서류 봉투에 감싼 다음 3개월 정도 햇볕이 들고 바람이 잘 통하는 곳에서 숙성해주세요.

2 술 빚기 일주일 전에 통밀 누룩은 콩알 사이즈로, 이화곡과 백수환동곡, 분곡은 곱게 가루를 내어 햇볕에 법제하고 사용하면 됩니다.

3 잘 띄워진 누룩은 단단해요. 그리고 고소한 냄새가 난답니다.

BASIC
METHOD
OF MAKING
MAKGEOLLI

CHAPTER 5

고두밥과 누룩만 있다면
어디서든 빚는 기본 막걸리

쌀로 지은 고두밥과 누룩만 있다면 여러분은 전 세계 어디서든 막걸리를 빚을 수 있답니다. 고두밥은 수분을 머금은 쌀을 스팀으로 가열해 쌀 조직을 팽창시켜 밥을 짓는 원리로 만들어져요. 그래서 고들고들한 식감을 갖고 있어요.

우리나라의 술 빚기는 쌀의 가공법이 다양한데 죽, 떡, 범벅, 고두밥을 쓰는 방법 등이 있답니다. 그중에서도 고두밥은 한 번 빚는 술, 즉 단양주를 빚을 때 그리고 이양주 이상의 덧술에 주로 사용해요.
고두밥으로 술을 빚으면 원하는 만큼 물의 양을 조절할 수 있고, 다른 호화 방법보다 알코올 도수를 많이 올릴 수 있다는 장점이 있어요. 밥이 딱딱하면 당화 과정부터 문제가 생길 수 있으니 누룩에 있는 효소가 잘 침투할 수 있도록 부드러운 고두밥을 지어주세요. 특히 쌀을 뽀득뽀득 깨끗이 씻고 불리고 밥을 짓는 이 모든 과정이 좋은 술 빚기의 첫걸음이라는 것을 잊지 마세요.

뽀얗고 매끈한 고두밥과 물, 누룩을 손으로 섞어주면 오감을 깨우는 발효의 마법이 시작됩니다. 며칠 사이 발효되는 술이 익어가면 보글보글 귀여운 소리도 들을 수 있고, 고두밥이 두둥실 움직이는 시각적 변화를 경험하며 내가 만든 술에 작은 생명이 깃드는 과정을 지켜보는 소소한 즐거움도 느낄 수 있답니다. 이번 챕터는 모든 술 빚기에 공통적으로 들어가는 과정입니다. 잘 익혀두면 집에서 막걸리 빚기가 전혀 어렵지 않을 거예요!

고두밥 준비하기

STEP 1

쌀 씻기

쌀을 씻고 헹구는 과정을 통해 지방과 단백질이 제거되어 발효가 잘되고 술 맛도 좋아진답니다. 요즘 나오는 쌀이 예전보다 정미율도 높고 깨끗해서 씻을 필요가 없다고 하지만 쌀 씻기를 꼼꼼하게 해주면 깔끔한 술맛, 풍부한 향, 더욱 맑은 술을 빚을 수 있어요.

1 찹쌀 또는 멥쌀을 담은 양푼에 물을 동량으로 담고, 첫 번째 씻는 물을 손목 회전으로 10회 정도 돌려 빠르게 물을 버려주세요.

2 두 번째 물을 받아 손바닥으로 한쪽 방향으로 100번가량 돌려가며 씻고 물을 버려주세요. 이 과정을 3번 반복합니다. 삼백세를 한다고 생각하시면 돼요.

3 흐르는 물에 양푼을 비스듬히 기울여 물이 맑아질 때까지 쌀을 헹궈줍니다.

4 여기까지 10분 내외에 빠르게 마무리해주세요. 깨끗이 씻는다고 1시간 이상 씻다가는 쌀이 모두 깨져버릴 수도 있어요.

POINT

잘 씻어진 쌀은 맑은 물 속에 쌀알의 모양이 깨지지 않고 그대로 유지된 채 있어야 해요,

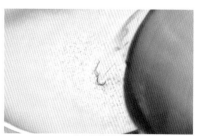

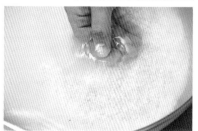

불리고 다시 헹구기

찹쌀이 담긴 양푼에 쌀 높이의 3배 정도 되는 물을 넣고, 여름에는 4~5시간, 겨울에는 6~8시간 정도 불려주세요. 이론상으로는 3시간이면 쌀이 수분을 흡수한다지만 이렇게 해야 조직을 유연하게 만들어 더욱 촉촉하고 부드러운 고두밥을 찔 수 있어요. 이 과정이 술을 잘 빚는 비법 중의 하나예요. 멥쌀은 물에 담가 12시간 정도 불려주세요. 멥쌀은 조직이 단단해 찹쌀보다 오래 불려주셔야 해요.

1 쌀을 불린 물을 버리고 다시 흐르는 물을 흘려주며 맑아질 때까지 5회 정도 헹궈줍니다.

2 소쿠리에 건져서 30분간 물기를 빼주세요.

불리기 전

불린 후

고두밥 찌기

1   찜솥에 60% 정도 물을 붓고 끓여줍니다. 면보에 물을 충분히 적신 다음 꽉 짜주고 2단 찜기에 펼쳐주세요.

2   물기를 제거한 쌀을 면보 위에 평평하게 올려주고 스팀이 고루 올라올 수 있도록 손가락으로 3개 정도 구멍을 만들어요.

3   면보를 쌀 위에 돌돌 말아 올리고 찹쌀은 40분, 멥쌀은 50분 동안 밥을 찝니다. 각각 시간이 다 되면 뚜껑을 열어 밥이 익었는지 확인해주세요.

4   주걱을 준비해 물을 묻히고 아래위를 빠르게 뒤집어 골고루 섞어줍니다. 멥쌀은 이때 찬 물 110ml를 주걱을 이용해 골고루 고두밥에 뿌려주시고 나머지 10분간 더 쪄주세요.

5   불을 끄고 10분간 뜸을 들입니다.

고두밥 식히기

채반 또는 대나무 돗자리를 준비해서 고두밥을 넓게 펼치고 온도가 20도까지 내려가도록 식혀주세요. 무더운 날씨라면 서큘레이터를 간접 바람으로 맞춰주셔도 괜찮습니다. 고두밥에 직접 바람이 가게 되면 밥이 말라버려서 누룩의 효소 침투가 어렵게 됩니다.

TIP

전기밥솥으로 만드는 고두밥

찜솥을 구비하지 못하는 경우 유용하게 활용할 수 있는 윤주당만의 전기밥솥 고두밥을 알려드릴게요. 언젠가 미국에 사는 친척집에 가서 술을 빚으려고 하는데 찜솥이 없어 당황한 적이 있었지만, 전기밥솥으로 고두밥 짓기에 성공했답니다. 특히 해외에 계신 분들에게 좋은 팁이 될 거예요. 쌀을 씻는 과정까지는 똑같아요. 쌀의 물기를 채반에 받쳐 30분간 빼고 밀폐 용기에 담아 냉장고에서 하룻밤 정도 마른 불림을 해줍니다. 전기밥솥에 쌀을 넣고 평소보다 물을 20% 정도 덜 잡아주세요. 물이 쌀 위로 올라오지 않으면 됩니다. 그리고 밥솥을 일반 백미로 취사해주세요. 밥이 다 지어졌을 때 맨 아랫부분은 질어졌을 수도 있어요. 그럴 경우 바닥에 있는 밥은 빼고 위에 있는 고슬고슬한 부분만 사용해주시면 됩니다.

누룩 법제하기

STEP 2

1 구입한 누룩 또는 내가 만든 누룩 모두 중체에 한 번 걸러 누룩가루를 제거해주세요. 따로 모아두었다가 죽 밑술에 사용하셔도 됩니다.

POINT 가루가 많이 들어가면 술맛이 텁텁해져요.

2 채반에 누룩을 펼쳐 베란다나 옥상에 두고 일주일간 햇빛과 바람으로 말려주세요.

3 법제를 했는데 누룩을 즉시 사용하지 못했다면 다시 종이 서류 봉투 또는 쌀 포장지에 넣고 밀봉해 서늘하고 건조한 곳에 보관해주세요. 그렇지 않으면 누룩벌레가 생길 수 있어요.

고두밥과 누룩이 잘 준비되었다면 본격적으로 막걸리를 빚어볼까요?

막걸리 빚기

STEP 3

쌀, 물, 누룩 고르게 섞기

1 쌀보다 물의 비율이 적은 술을 빚을 때는 더욱 고르게 섞어줘야 효소의 침투가 쉬워져 당화가 빠르게 진행됩니다. 그래야 안정적으로 술이 발효될 수 있어요.

2 손바닥으로 고두밥, 물, 누룩을 부드럽게 지그시 눌러주세요. 보통 20분 정도 해주면 됩니다. 이때 찹쌀 고두밥은 밥알을 으깨지 말고 알알이 살려서 물, 누룩과 섞어주어야 오미가 조화로운 술맛을 기대할 수 있고 알코올 도수도 잘 나옵니다. 고두밥이 뭉개지면 너무 빨리 발효가 끝나 알코올 도수가 낮은 싱거운 술이 되어버려요.

3 멥쌀인 경우에는 효소 침투가 어려워 살짝 으깨준다는 느낌으로 섞어주셔도 괜찮습니다.

4 쌀보다 물이 1.2~1.5배 들어가고 누룩이 30% 정도 들어가는 술을 빚는다면 손으로 고르게 섞는 과정을 생략해도 괜찮지만 밥이 말라버리면 안 되니 이 경우에도 주걱으로 아침저녁 하루에 두 번씩 술덧을 저어줍니다.

고르게 잘 섞인
쌀과 누룩의 모습

발효통에 담기

1 술 빚기 전날 미리 증기나 알코올로 용기를 소독해 햇볕에 잘 말려주세요.

2 물기 없는 발효통에 술덧을 넣어줍니다. 차곡차곡 넣어 윗면이 울퉁불퉁하지 않고 매끄럽게 되도록 담아주세요.

3 이때 용기의 70% 정도 내용물이 담기는 것이 가장 이상적입니다. 내가 빚는 술 양과 발효 용기의 사이즈를 잘 고려해주세요.

POINT 고두밥 양 + 물 양 + 누룩 = 내가 빚는 술 양
내가 빚는 술 양 × 1.3 = 발효 용기 사이즈

4 발효 용기에 술덧을 너무 적게 담으면 열을 쉽게 뺏기게 되어 품온이 생성되지 않아 발효가 잘되지 않을 수 있고, 술덧이 오염될 가능성도 있습니다. 반대로 발효통 끝까지 술덧을 채운다면 이산화탄소 발생으로 인해 내용물이 다음날 모두 폭발하는 것을 보게 될 거예요.

집에서 발효하기

저는 두 가지 방법을 알려드릴게요. 오랫동안 술 빚기를 하면서 큰 깨달음을 얻은 게 있어요. 처음에는 발효가 잘되는 온도가 무엇인지를 중요하게 생각했지만 결국 지속적인 온도 관리에 따라 술맛과 향이 미세하게 달라진다는 것을 알게 되었어요. 집에서 가장 어려운 것이 바로 온도 관리랍니다. 이 부분만 잘하게 되면 저절로 좋은 술을 빚을 수 있을 거예요.

첫 번째 발효 방법은 효모가 좋아하는 온도 20~25℃를 유지하며 발효를 일찍 끝내는 것으로 주로 사계절 빚는 단양주나 여름 술 혹은 짧은 기간 내에 빠르게 술을 얻을 때 쓸 수 있는 방법입니다. 두 번째 발효 방법은 발효 초기 2~3일 정도는 25℃에서, 4일째부터 이어지는 후발효는 더 낮은 온도인 15~18℃의 환경에서 조금 더 오래 해주는 방법입니다. 두 번째 방법은 조금 더 섬세한 주의가 필요한 발효법이에요. 첫 번째 방법으로 먼저 여러 번 시도해보았다가 더 좋은 술맛과 향을 얻고 싶을 때 두 번째 방법을 시도해보면 좋은 결과를 얻을 수 있을 거예요.

25℃ 유지하며 발효하기

1 그늘지고 서늘한 곳을 찾아주세요.

2 한여름에는 아이스박스에 발효통을 넣고 아이스팩을 주변에 둘러주면서 아침저녁 갈아주면 됩니다. 한겨울이라면 전기장판을 저온으로 켜고 그 위에 받침이나 책을 올려 한 단 띄운 다음 발효통을 놓고 담요로 덮어주세요. 봄과 가을에는 상온에 두고 발효해도 괜찮습니다.

3 햇볕을 직접적으로 보면 유황취가 생기니 직사광선은 꼭 피해주세요.

와인 냉장고에서 온도 낮춰 발효하기

1 초기 2~3일은 25℃에서 발효해주세요. 빠른 당화와 효모의 성장을 촉진시켜주는 과정입니다.

2 이산화탄소가 고두밥을 밀어내 술덧이 엄지손가락 한 마디정도 올라온 게 보이고 기포가 터지는 빗방울 소리가 가장 활발하게 날 때, 와인 냉장고를 15~18℃로 세팅한 다음 발효통을 넣어주세요.

3 윤주당의 단양주 찹쌀 막걸리 기준 2주간 발효, 이양주와 삼양주는 18℃ 기준 한 달, 15℃가 기준이라면 세 달 정도 발효하면 맛있는 술을 얻을 수 있을 거예요. 술이 고이는 속도와 쌀, 물, 누룩의 비율, 발효 온도의 세팅에 따라 기간이 달라집니다.

거르고 병입, 숙성하기

1   유리병 또는 페트병을 잘 소독해주세요. 마개에 압력이 가해지는 스윙병은 탄산이 생길 때 터질 수 있으니 가급적 사용하지 마세요.

2   찜기를 이용해 술을 걸러주면 매우 편하답니다. 거름망 주머니가 너무 촘촘하면 짜는 것이 어려울 수도 있으니 이 책에서 추천하는 시아 주머니 또는 광목 주머니를 이용해보세요.

3   거름망에 술덧을 넣고 찜기에 받쳐 손으로 힘주어가며 꽉 짜주세요. 이때 남은 고두밥, 누룩 찌꺼기를 술지게미라고 합니다. 지게미를 재활용해서 막걸리를 만드는 방법은 265쪽에서 알려드릴게요.

4   깔때기를 이용해 막걸리를 병에 80%씩 담아줍니다.

TIP
거른 후 곧바로 마셔도 괜찮지만 더 맛있게 먹기 위해 막걸리를 냉장 숙성 해주세요. 냉장 숙성을 하면 알코올 도수와 막걸리 맛이 잘 어우러지고 더 풍부한 향이 생겨납니다. 2~4℃ 정도의 김치냉장고 온도에서 최소 2~3일 간, 단양주는 한 달까지, 이양주는 3개월까지 숙성해보는 것을 추천합니다.

기본 찹쌀 막걸리 레시피

재료

찹쌀 1kg
물 800ml
누룩 150g

1 차갑게 식은 고두밥, 누룩, 물이 골고루 잘 섞이도록
버무려주세요.

   POINT 밥이 물을 모두 흡수하고 리소토 같은 점성이 생길
   때까지 약 20분간 섞어주세요.

2 이 과정으로 완성된 고두밥, 물, 누룩의 덩어리를 술덧이라고
합니다.

3 소독한 발효 용기에 담아주세요.

4 발효 용기 입구를 통기성 좋은 면보로 덮어주고 고무줄로
묶어주세요.

5 25℃ 내외의 실내에서 발효하면서 24시간 후부터 하루에 2번씩,
3일간 소독한 숟가락으로 발효통 아래부터 위에 있는 고두밥을
골고루 섞어주세요. 당화에도 도움이 되고 위쪽 표면이 마르면
술덧 윗부분에 하얀 곰팡이가 생길 수 있어 꼭 저어주어야
합니다.

6 여름에는 4~5일간 발효하고, 겨울에는 7~10일간 발효합니다.

   POINT 온도가 낮을 때는 조금 더 발효해도 괜찮습니다.

7 술이 고이는 모습이 눈에 보일 거예요. 발효통 중간까지 술이
차올랐을 때 걸러주세요.

8 거름망에 걸러 유리병 또는 내압 페트병에 담아주세요.

9 냉장고에서 2~3일 숙성한 뒤 마시면 됩니다.

기본 멥쌀 막걸리 레시피

재료

멥쌀 1kg
물 1L
누룩 200g

1   차갑게 식은 멥쌀 고두밥은 젤리 같은 식감이에요. 손으로 고두밥과 누룩, 물이 골고루 잘 섞일 수 있도록 버무려주세요. 멥쌀은 효소 침투가 어려워서 살짝 으깨듯이 치대도 괜찮습니다.

    POINT 밥이 물을 모두 흡수할 때까지 섞어주세요.

2   소독한 발효 용기에 술덧을 담아주세요.

3   발효 용기 입구를 통기성 좋은 면보로 덮어주고 고무줄로 묶어주세요.

4   조금 더 따뜻하게 28℃ 내외의 실내 온도에서 발효해주세요.

5   24시간 후부터 하루에 2번씩, 3일간 소독한 숟가락으로 잘 섞어주세요.

6   7~10일간 발효해주세요.

    POINT 온도가 낮을 때는 조금 더 발효해주세요.

7   기포가 터지는 소리와 이산화탄소 발생이 사라지고 술 향기가 나면 거름망에 걸러 병에 담아주세요.

8   냉장고에서 2~3일 숙성한 뒤 마시면 됩니다.

술 빚은 당일

발효가 완료된 모습

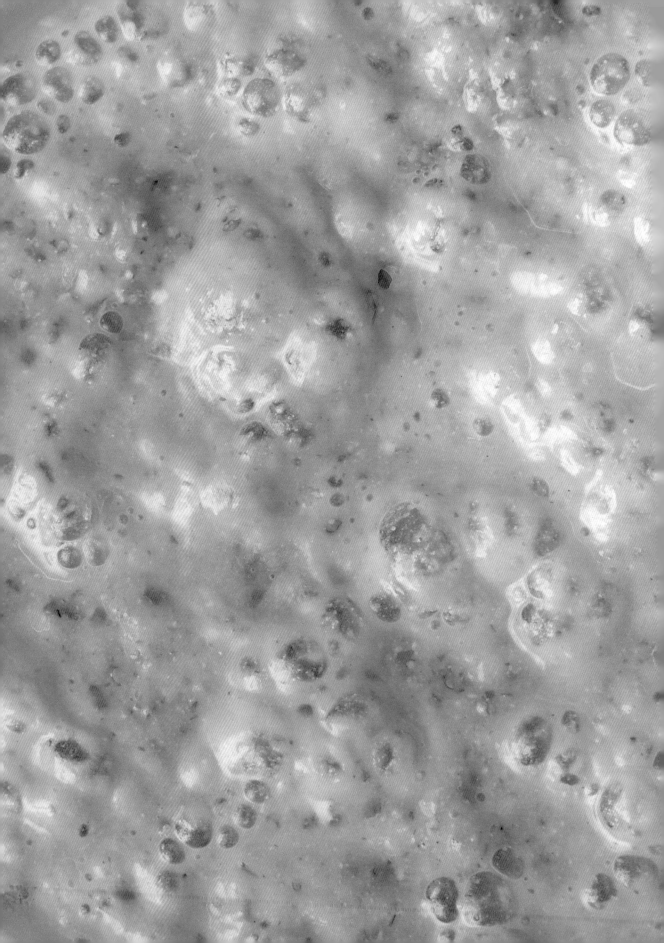

FOUR SEASONS MAKGEOLLI RECIPE

CHAPTER 6

사계절 막걸리 레시피

계절을 느낄 수 있는 아름다운 부재료들을 담아 빚는 막걸리.
자연과 술과 내가 하나가 되는 기쁨을 누리며 애주가의 진정한 풍류를
즐겨보세요. 술을 드시지 못하더라도 선물하기에 더할 나위 없이
좋은, 세상에 하나뿐인 내손으로 빚은 막걸리랍니다. 이번 챕터에서는
간편하게 한 번에 빚는 단양주를 주로 알려드려요. 단양주로 술을 빚는
원리와 온도 관리 방법을 익혀서 술 빚기 실력을 키웠다면,
다음 장의 맑은술 챕터에서 배울 4가지 밑술 방법을 응용해
이양주를 빚어보세요.

SPRING

봄

봄바람이 살랑일 때는 꽃술을 빚는 재미가 가득합니다.
3월부터 피어나는 매화, 진달래, 목련, 벚꽃, 개망초, 아카시아 그리고 5월의 여왕 장미 막걸리까지.
봄의 정취와 향기가 가득한 다양한 막걸리를 빚어보세요.

딸기 막걸리

STRAWBERRY
makgeolli

제철 딸기로 빚은 달콤 새콤한 막걸리입니다. 하얀 고두밥에 빨간 딸기를 알알이 그대로 녹이니
사랑스러운 핑크빛 막걸리가 됩니다. 딸기가 듬뿍 쌓인 생크림 케이크, 마카롱 등 디저트와
페어링해보세요. 술을 빚고 5일 내에 거르는 것을 추천합니다.

재료

찹쌀 1kg
물 800ml
누룩 150g

부재료

딸기 200g
동결 건조 딸기가루 20g

1 딸기는 당도 높은 것으로 준비해둡니다. 향이 좋은 금실, 설향
  등의 딸기가 좋아요.

2 딸기를 얇게 슬라이스해주세요.

3 찹쌀로 고두밥을 지어줍니다. 고두밥을 잘 식혀 양푼에 담고
  분량의 물과 누룩, 딸기 슬라이스, 동결 건조 딸기가루를
  넣어주세요.

4 고두밥에 끈적임이 생기도록 20분간 잘 섞어줍니다. 전체적으로
  핑크빛이 고르게 퍼질 때까지 충분히 섞어주세요.

5 깨끗이 소독한 발효통에 담아준 후 발효합니다. 술을 빚은
  후 24시간 후부터 하루에 2번씩 술덧을 꼭 저어주세요. 딸기
  막걸리는 단맛이 남아 있을 때 걸러주는 것이 맛있습니다.

110

TIP

봄에 딸기가 제일 맛있을 때 빚어보세요. 끝물에 나오는 딸기 말고 무르지 않은 질 좋은 제철 딸기를 쓰고, 동결 건조 딸기가루는 100% 국산 딸기로 만든 것으로 구입해주세요. 생딸기에서 부족한 향을 딸기가루로 채울 수 있어요.

술 빚은 당일

발효가 완료된 모습

솔잎 막걸리

PINE NEEDLE
makgeolli

소나무는 한국의 향과 정취를 오롯이 느낄 수 있는 매력적인 부재료입니다. 술을 빚을 때는 송화(꽃가루), 송절(마디), 송순(새순), 솔잎, 열매까지 다양하게 활용할 수 있어요. 소나무는 각 재료마다 고유의 풍미가 있어서 처리 방식도 다릅니다. 재료 그대로 넣기도 하고 물을 넣고 끓여 향과 맛을 우려낼 수도 있죠. 막걸리를 조금 더 길게 숙성하면 솔잎이 주는 상쾌한 향과 푸른 청록빛이 어우러진 약주로도 즐길 수 있어요. 특히 솔잎에 들어 있는 타닌 성분이 막걸리의 은은한 단맛과 어우러져 조화를 이룹니다. 매일 한 잔씩 챙겨 마시고 싶어지는 건강한 기운을 담은 술입니다.

재료

찹쌀 1kg
물 800ml
누룩 150g

부재료

솔잎 10g
솔잎가루 10g

1   솔잎은 약재 쇼핑몰에서 마른 솔잎을 구입하거나 깨끗한
    생솔잎을 채취해 물기를 제거한 후 밀폐 용기에 보관하여
    준비해주세요.

2   찹쌀로 고두밥을 지어줍니다. 고두밥을 잘 식혀 양푼에 담고
    분량의 물과 누룩, 솔잎, 솔잎가루를 넣어주세요.

3   고두밥에 끈적임이 생기도록 20분간 잘 섞어줍니다.
    전체적으로 재료가 고르게 퍼질 때까지 충분히 섞어주세요.

4   깨끗이 소독한 발효통에 담아준 후 25℃에서 5~7일간
    발효합니다. 술을 빚은 후 24시간 후부터 하루에 2번씩 술덧을
    꼭 저어주세요.

    POINT 쌀의 단맛과 솔잎의 시원한 향이 조화로워 매일
    마셔도 질리지 않는 막걸리예요.

술 빚은 당일

발효가 완료된 모습

쑥 막걸리

MUGWORT
makgeolli

봄나물로 술을 빚어보아요. 생쑥을 살짝 팬에 덖어 향을 살리고, 고두밥을 찔 때 함께 넣어주면
더욱 깊은 풍미를 낼 수 있습니다. 말린 쑥을 사용할 경우 들어가는 양을 조절해야 하는데,
과하면 한약을 달인 듯한 강한 향이 날 수 있어요. 쌉싸래한 쑥 막걸리의 매력을 한층 살리기
위해서 멥쌀과 찹쌀을 적절히 섞어 술을 빚어봅니다. 이 막걸리는 특히 찌는 시간에 주의해야
제대로 된 맛과 향을 얻을 수 있습니다.

재료

멥쌀 200g
찹쌀 800g
물 1L
누룩 200g

부재료

쑥 150g

1 술 빚기 전날 물 1L에 쑥 10g을 넣고 끓인 다음 차갑게
   식혀주세요.

2 멥쌀과 찹쌀을 각각 고두밥으로 지어주세요. 찹쌀 고두밥을
   찌고 뜸들일 때 나머지 쑥 140g을 넣어주세요.

   POINT 드라이한 맛을 살짝 내기 위해 멥쌀을
   첨가해주었어요.

3 찹쌀과 멥쌀 고두밥, 쑥 찐 것을 잘 식혀서 양푼에 담아 합치고
   분량의 물과 누룩을 넣어주세요.

4 고두밥에 끈적임이 생기도록 20분간 잘 섞어줍니다.
   전체적으로 재료가 고르게 퍼질 때까지 충분히 섞어주세요.

5 깨끗이 소독한 발효통에 담아준 후 25℃에서 5~7일간
   발효합니다. 술을 빚은 후 24시간 후부터 하루에 2번씩 술덧을
   꼭 저어주세요.

TIP

3~4월에 채취한 어린 참쑥을 사용해보세요.

술 빚은 당일 |

발효가 완료된 모습 |

아카시아 막걸리

ACACIA FLOWER
makgeolli

봄소식이 들려오면 꽃술을 빚을 생각에 일찍부터 마음이 설렙니다. 산과 들, 마당에 핀 꽃을
깨끗이 씻어 말린 뒤 술을 빚어요. 생화를 그대로 사용하면 수분 때문에 발효가 원활하지 않을 수
있으니, 꽃차용 말린 꽃을 활용하는 것이 좋습니다. 은은한 꽃향이 퍼지는 향낭 같은 꽃 막걸리를
한 병 들고, 만개한 봄 속으로 꽃놀이를 떠나볼까요?

재료

찹쌀 1kg
물 800ml
누룩 150g

부재료

아카시아 꽃차 10g

1   찹쌀로 고두밥을 지어줍니다. 고두밥을 잘 식혀 양푼에 담고
    분량의 물과 누룩을 넣고 20분간 잘 섞어줍니다.

2   끈기가 생겼다면 아카시아 꽃을 넣고 다시 전체적으로 충분히
    섞어주세요.

3   깨끗이 소독한 발효통에 담아준 후 발효합니다. 술을 빚은 후
    24시간 후부터 하루에 2번씩 술덧을 꼭 저어주세요.
    꽃 막걸리는 25℃에서 2일 발효 후 15~18℃에서 2주간
    발효하면 향기가 더 좋아집니다.

낭만 가득한 꽃 막걸리 빚기! 한 가지 꽃을 넣어도, 좋아하는 꽃 여러 가지
를 섞어서 넣어도 언제나 결과가 좋답니다. 공기 좋은 곳에서 재배한 유기
농 꽃차를 구입해 막걸리를 빚을 때 넣어보세요. 말린 꽃은 보통 2~5g 정
도 넣으면 되고, 생화를 구할 수 있다면 수술을 떼어 흐르는 물에 씻은 다음
살짝 말려 수분을 제거한 후 넣어주세요.

술 빚은 당일 |

발효가 완료된 모습 |

이화주

IHWAJU

이화주는 구멍떡과 이화곡으로 빚어 4월 초 배꽃이 필 무렵에 먹었던 고급 술이에요.
떡을 삶아 물 없이 누룩과 치대는 과정이 쉽지 않지만 빚고 나면 정말 재미있고 뿌듯한 술이랍니다.
처음 보는 질감의 떠먹는 막걸리를 모두들 신기해 하니 귀한 분께 드리는 선물용으로도 좋습니다.
예쁜 도자기 단지에 이화주를 담아두고 귀한 꿀을 꺼내먹듯 한 스푼씩 드셔보세요.
알코올 발효를 짧게 끝내면 도수는 낮고 달콤한 맛만 남아 조선시대에는 어린아이들까지
먹을 수 있었던 막걸리랍니다.

재료

멥쌀가루 1.25kg
물 500ml
직접 띄운 이화곡 300g(62쪽 참고)

1 멥쌀을 깨끗이 씻어 하룻밤 물에 불려주세요. 쌀을 건져
   물기를 빼고 방앗간에서 2~3회 소금 없이 고운 가루로 빻아
   준비합니다.

2 쌀가루를 중체와 고운체에 두 번 내려주세요.

3 볼에 체에 내린 쌀가루를 담고, 팔팔 끓였다가 65~70℃로 식힌
   물 500ml를 조금씩 흘려 넣어주세요. 부드러운 송편 반죽의
   질감이 될 때까지 충분히 치대며 익반죽합니다. (1차 익힘)

4 반죽을 손바닥 크기로 동그랗게 빚은 다음 손바닥으로
   납작하게 눌렀을 때 갈라진 부분이 없으면 반죽이 잘된 거예요.

5 반죽 가운데에 구멍을 뚫어 구멍떡을 만들어주세요. 반죽이
   금방 마를 수 있으니 젖은 면보나 비닐로 덮어주세요.

6 솥에 물을 60% 채우고 팔팔 끓었을 때 구멍떡을 넣어
   익혀주세요. (2차 익힘)

   POINT 냄비 위쪽에서 반죽을 던지면 화상을 입을 수 있어요.
   조심스럽게 넣어주세요.

7 구멍떡이 떠오르면 뜰채로 건져내고 툭툭 쳐서 물기를
   제거해주세요.

8 건져낸 떡을 양푼에 담아 바로 주걱으로 얇게 펼쳐주세요.
   방치하면 떡이 질겨져서 으깨기가 더욱 어려워져요.

9 으깬 떡은 손등으로 느꼈을 때 적당한 온기가 있을 때까지
   식혀주세요.

10 이화곡을 반죽에 넣고 두 손으로 치대듯이 섞어주세요. 물기가
    너무 없어서 반죽이 힘들다면 구멍떡 식힌 물을 차갑게 식혀서
    조금씩 넣어주세요.

11 반죽에 찰기가 생기고 하나의 덩어리가 될 때까지 계속합니다.

12 깨끗이 소독한 발효통에 담아준 후 25℃ 온도에서 약 3주간
    발효합니다. 이틀 뒤에 숟가락으로 한 번만 저어주세요.
    깨끗하게 소독한 숟가락으로 이화주 아래위가 잘 섞이도록
    저어주면 됩니다.

    TIP 떡 반죽을 식혀 이화곡과 치대는 과정은 난이도가 꽤 높은 작
    업입니다. 처음 이화주를 만들 때는 레시피 양의 절반으로 줄여서
    빚어보세요.

SUMMER

여름

맛있는 과일이 쏟아지는 여름이에요.
당도가 높은 과일을 골라 술을 빚어보세요.
싱그러운 초록빛 생기를 담아내는 일은 여름 술 빚기의 매력이랍니다.

연잎 막걸리

LOTUS LEAF
makgeolli

연잎으로 술을 빚는 방법은 《증보산림경제》, 《규합총서》, 《임원경제지》, 《양주방》,
《조선무쌍신식요리제법》 등에 다양하게 기록되어 있습니다. 생 연잎과 멥쌀로 연엽주를 빚으면
담백한 맛과 상쾌함이 좋은 술이 됩니다. 여름철에 안정적으로 술을 발효하는 방법으로,
누룩을 물에 불렸다가 사용하는 수곡법을 배워봅니다.

재료

멥쌀 1kg
물 1.2L
누룩 300g

부재료

생 연잎 1장

TIP

생 연잎을 구하지 못 했을 때는 온라인에서 말린 연잎을 구매해도 됩니다.
마른 연잎의 경우 고두밥을 섞을 때 3g 정도 넣어주세요.

1　술 빚기 전날 밤에 비커에 분량의 물과 누룩을 담가 랩을 씌우고
　냉장 보관해주세요.

　POINT 여름에 활용하는 수곡법입니다. 누룩을 물에 미리
　불려놓으면 젖산이 활성화되어 여름철에 초기 술덧의 오염을
　막아주고 잠자던 효소와 효모를 미리 깨울 수 있어요.

2　1의 액체를 거름망에 걸러 누룩물만 받아줍니다. 누룩을 거를 때
　비벼가면서 꽉 짜주셔야 좋아요.

3　멥쌀은 젤리 같은 식감이 되도록 고두밥을 지어줍니다. 고두밥을
　잘 식혀 양푼에 담고 고두밥이 누룩물을 다 흡수할 때까지 잘
　섞어주세요.

4　연잎은 발효통 크기에 맞춰 자르고 잎의 뒷면이 위를 보도록
　바닥에 깔아주세요. 남은 연잎은 적당한 모양으로 잘라 고두밥과
　섞거나 위에 덮어주면 됩니다.

5　술덧을 발효통에 담아준 후 25~28℃에서 7일 동안 발효합니다.
　술을 빚은 후 24시간 후부터 하루에 2번씩 술덧을 꼭 저어주세요.

술 빚은 당일

발효가 완료된 모습

백수환동주

BAEKSU HWANDONGJU

앞서 누룩 챕터에서 실습한 특수 누룩 백수환동곡(68쪽)으로 빚는 술입니다. 《양주방》에
기록된 백수환동주의 특징을 따라 물의 양을 최소화하여 빚어보았습니다. 이 술은 열대 과일이
떠오르는 화려한 과실 향이 은은하게 퍼지며, 이국적인 정원을 거니는 듯한 기분을 선사합니다.
저온에서 후발효하고 숙성하면 더욱 진한 풍미를 느낄 수 있습니다.

재료

찹쌀 1kg
물 600ml
백수환동곡 300g

1   백수환동곡은 술 빚기 1주일 전에 곱게 가루로 빻아 햇볕에
    법제해주세요.

2   찹쌀로 고두밥을 지어줍니다. 고두밥을 잘 식혀 양푼에 담고
    분량의 물과 누룩을 섞어주세요.

3   손바닥으로 지그시 눌러가면서 고두밥이 으깨지지 않도록
    30분 정도 부드럽게 섞어주세요.

4   깨끗이 소독한 발효통에 담아준 후 발효합니다. 25℃에서 3일
    동안 발효하고 하루에 2번씩 저어주세요. 술이 끓어오르면
    15~18℃로 낮춰서 3주간 후발효를 해주세요.

    TIP 와인 냉장고 또는 아이스팩으로 온도 관리를 해주면 좋습니다.
    (95쪽 참고)

POINT

과실 향을 더욱 끌어올리기 위해 저온에서 천천히 발효했어요.
술을 빨리 얻고 싶을 때는 25℃에서 5일간 발효해 맛이 달콤할 때
걸러보세요. 백수환동주는 물의 양이 기본 찹쌀 막걸리보다 적기
때문에 섞어주는 작업을 30분 정도 꼭 해주셔야 합니다.

술 빚은 당일 |

발효가 완료된 모습 |

초당 옥수수 막걸리

SUPER SWEET CORN
makgeolli

초당 옥수수는 찌지 않고 생으로도 먹을 수 있는데 아삭하고 달콤한 맛이 너무 좋아요. 초여름의 맛을 그대로 느낄 수 있는 막걸리입니다. 초당 옥수수의 생즙으로 빚어 싱그러우면서도 구수한 반전 매력을 지닌 이 막걸리는 오래 숙성하지 말고 바로 드시는 것을 추천합니다.

재료

찹쌀 1kg
누룩 200g
물 200ml

부재료

초당 옥수수 10개(옥수수즙 600ml)

1   초당 옥수수의 기둥을 잡고 작은 칼로 알맹이만 털어내줍니다.

2   녹즙기를 이용하거나 거름망을 이용해 옥수수즙 600ml를
    만들어주세요.

    TIP 옥수수즙을 내기 어려울 때는 생옥수수를 절구에 찧어 원물 그
    대로 넣어주어도 됩니다.

3   찹쌀로 고두밥을 지어줍니다. 고두밥을 잘 식혀 양푼에 담고
    초당 옥수수즙, 누룩을 넣어주세요.

4   고두밥에 끈적임이 생기도록 20분간 잘 섞어줍니다.
    전체적으로 재료가 고르게 퍼질 때까지 충분히 섞어주세요.

5   깨끗이 소독한 발효통에 담아준 후 25℃에서 4~5일 동안
    발효합니다. 술을 빚은 후 24시간 후부터 하루에 2번씩 술덧을
    꼭 저어주세요.

술 빚은 당일

발효가 완료된 모습

오미자 막걸리

OMIJA
makgeolli

여름에는 무더위를 씻어주는 청량한 스파클링 막걸리가 간절해집니다. 발효 중인 술을 걸러 병에 담고, 더욱 확실한 탄산을 만들기 위해 설탕을 조금 넣고 상온에서 하루 동안 2차 발효합니다. 맑은 술 부분만 따로 병에 담아주면 분홍색 빛깔도 예쁘고, 스파클링 와인 대신에 기분 내기에도 완벽하지요.

재료

찹쌀 1kg
물 1L
누룩 150g

부재료

말린 오미자 10g
오미자 원액 200g
설탕 1작은술

1 물 800ml에 말린 오미자를 넣고 냉장고에서 하룻밤
   냉침해주세요.

2 찹쌀로 고두밥을 지어줍니다. 고두밥을 잘 식혀 양푼에 담고
   오미자를 침출한 물, 누룩, 오미자 원액을 넣어주세요.

3 고두밥에 끈적임이 생기도록 20분간 잘 섞어줍니다.
   전체적으로 재료가 고르게 퍼질 때까지 충분히 섞어주세요.

4 깨끗이 소독한 발효통에 담아준 후 25℃도에서 4~5일 동안
   발효합니다. 술을 빚은 후 24시간 후부터 하루에 2번씩 술덧을
   꼭 저어주세요.

5 술을 거르고 얻은 원주에 미리 만들어두었던 오미자 침출한 물
   200ml와 설탕 1작은술을 넣어주세요.

   TIP 강한 탄산이 생길 수 있으니 꼭 내압 페트병에 70% 정도만 병
   입해주세요.

6 상온에서 하루 동안 2차 발효하고 냉장고에 넣어주시면
   스파클링 막걸리가 완성됩니다.

술 빚은 당일 |

발효가 완료된 모습 |

참외 막걸리

KOREAN MELON
makgeolli

잘 익은 순곡주에서는 가끔 참외 향이 달큰하게 날 때가 있어요. 이 막걸리는 직접 참외를 갈아 즙만 짜내 넣어주었어요. 이대로 술을 빚으면 단맛이 강한 술이 완성되는데, 얼음을 타서 당도를 낮추고 시원하게 드셔보세요.

재료

찹쌀 1kg
누룩 150g

부재료

참외즙 600ml(참외 1kg)

1   참외는 껍질을 벗기고 반을 갈라 속을 파내고 얇게 썰어주세요.

2   과육은 믹서에 갈아 즙을 내고, 파낸 속과 씨 부분도 망에 걸러
    즙을 냅니다. 참외 씨는 모두 제거해주세요.

3   찹쌀로 고두밥을 지어줍니다. 고두밥을 잘 식혀 양푼에 담고
    참외즙과 누룩을 넣어주세요.

4   고두밥에 끈적임이 생기도록 20분간 잘 섞어줍니다.
    전체적으로 재료가 고르게 퍼질 때까지 충분히 섞어주세요.

5   깨끗이 소독한 발효통에 담아준 후 25℃에서 4~5일 동안
    발효합니다. 술을 빚은 후 24시간 후부터 하루에 2번씩 술덧을
    꼭 저어주세요.

TIP

물이나 과일즙을 쌀보다 적게 넣으면 발효가 천천히 일어나므로 무더운 날
씨에 술을 빚을 때 활용하면 좋습니다. 복숭아, 자두, 참외, 수박 등 맛있는
여름 과일로 응용해보세요.

술 빚은 당일 |

발효가 완료된 모습 |

AUTUMN

가을

수확의 계절, 가을엔 햅쌀로 정성 들여 술을 빚어요.
밤, 더덕, 잣, 단호박, 대추 등 맛있는 재료들을 활용해 풍성하고 건강한 가을 술상을 차려보세요.

알밤 막걸리

CHESTNUT
makgeolli

제가 막걸리를 배우고 나서 집에서 처음으로 시도해본 술이 바로 밤 막걸리였어요. 인공적인 밤 향이나 감미료를 넣지 않아 그동안 사먹던 막걸리와는 많이 달랐지만 손수 빚은 첫 막걸리라 정말 뿌듯했답니다.

재료

찹쌀 1kg
물 800ml
누룩 150g

부재료

밤 250g
밤꿀 10g

1 냄비에 껍질을 깐 밤과 동량의 물을 넣고 밤을 삶아주세요.
   소금과 설탕은 넣지 않아요.

2 믹서나 절구를 이용해 밤을 부드럽게 갈아줍니다.

3 밤 페이스트가 완성되면 누룩과 함께 섞어주세요.

4 찹쌀로 고두밥을 지어줍니다. 고두밥을 잘 식혀 양푼에 담고 밤
   페이스트와 누룩을 섞은 것, 물, 밤꿀을 넣어주세요.

5 고두밥에 끈적임이 생기도록 20분간 잘 섞어줍니다. 전체적으로
   재료가 고르게 퍼질 때까지 충분히 섞어주세요.

6 깨끗이 소독한 발효통에 담아준 후 25℃에서 4~5일 동안
   발효합니다. 술을 빚은 후 24시간 후부터 하루에 2번씩 술덧을 꼭
   저어주세요.

시중에서 판매되는 밤 막걸리는 강한 맛을 내기 위해 밤 시럽, 밤 향, 감미료 등이 첨가되는 경우가 많아요. 감미료를 밤꿀로 대체해 보다 자연스러운 맛으로 즐겨보세요.

술 빚은 당일

발효가 완료된 모습

단호박 막걸리

SWEET PUMPKIN
makgeolli

단호박을 고두밥과 함께 쪄서 술을 빚으면 노란빛이 고운 막걸리가 됩니다. 호박죽을 생각하면 술도 매우 달 거라고 생각하지만 그렇지 않아요. 누룩 양을 조절해 드라이하게도 빚을 수 있는데, 누룩을 적게 사용하면 발효 과정에서 오렌지, 레몬이 떠오르는 시트러스 향과 맛의 막걸리를 얻을 수 있어요.

재료

찹쌀 1kg
물 700ml
누룩 200g

부재료

단호박 300g

1 단호박은 껍질을 제거하고 얇게 썰어주세요.

2 찹쌀로 고두밥을 지어줍니다. 고두밥을 찌고 난 솥의 남은 물로
　단호박을 20분 동안 찝니다. 잘 쪄진 단호박은 식혀주세요.

3 고두밥을 잘 식혀 양푼에 담고 분량의 물과 누룩, 찐 단호박을
　넣어주세요.

4 고두밥에 끈적임이 생기도록 20분간 잘 섞어줍니다. 전체적으로
　재료가 고르게 퍼질 때까지 충분히 섞어주세요.

5 깨끗이 소독한 발효통에 담아준 후 25℃에서 5~7일 동안
　발효합니다. 술을 빚은 후 24시간 후부터 하루에 2번씩 술덧을 꼭
　저어주세요.

6 추가로 단맛이 필요하다면 술을 거르고 나서 물엿이나 꿀을
　첨가해주세요.

TIP

누룩의 양이 적으면 단호박의 전분질을 잘 삭히기 어려워 200g을 넣어주었
어요. 이렇게 하면 효모가 당을 남기지 않아 드라이한 막걸리를 만들 수 있
답니다. 보다 산미를 내고 싶다면 누룩 양을 120g까지 줄여서 빚어보세요.

술 빚은 당일

발효가 완료된 모습

더덕 막걸리

**DEODEOK
makgeolli**

옛 문헌에는 청감주, 급시청주 등 물 대신 좋은 술로 빚는 술, '주방문'이 등장합니다.
이를 활용해 더덕 막걸리를 빚어보세요. 강원도에서 난 가을 생더덕 향이 어찌나 좋은지
사과술에서 나는 향이 난답니다. 막걸리 만들기에 자주 실패하시는 분들께
이 레시피를 추천합니다.

재료

찹쌀 1kg
알코올 도수 6도의 막걸리 1L
누룩 100g

부재료

깐 더덕 250g

1 더덕은 물에 씻어 흙을 제거하고, 칼로 껍질을 벗겨 얇게 저미듯
  썰어주세요.

2 미리 빚어놓은 막걸리에 물을 동량으로 넣어 알코올 도수가
  5~6도가 되도록 희석해주세요.

3 찹쌀로 고두밥을 지어줍니다. 고두밥을 잘 식혀 양푼에 담고
  더덕, 누룩, 준비한 막걸리를 넣어주세요.

4 고두밥에 끈적임이 생기도록 20분간 잘 섞어줍니다. 전체적으로
  재료가 고르게 퍼질 때까지 충분히 섞어주세요.

5 깨끗이 소독한 발효통에 담아준 후 20℃에서 5일 동안
  발효합니다. 술을 빚은 후 24시간 후부터 하루에 2번씩 술덧을 꼭
  저어주세요.

단양주는 누룩에서 효모를 활성화시키는 과정까지 초기 발효가 지연되면 자칫 실패할 수 있어요. 그래서 좋은 술에 있는 효모를 이용해 이양주의 원리로 빚는 속성 기법을 알려드립니다. 알코올 도수가 너무 높으면 발효가 일어나지 않으니 꼭 5~6도 정도의 감미료가 들어가지 않은 누룩 막걸리를 준비해주세요.

술 빚은 당일

발효가 완료된 모습

흑미(현미) 막걸리

BLACK(BROWN) RICE
makgeolli

햅쌀로 술을 빚어보세요. 흑미 막걸리를 처음 빚었을 때 맛보았던 마치 레드와인이 떠오르는
산미, 포도 껍질부터 씨앗까지 다 마시는 듯한 그 맛을 잊을 수가 없답니다.
현미는 도정을 하지 않아 일반 쌀보다 더 단단하고, 영양 성분이 많아 술을 빚기가 어려워요.
그러나 그 영양소 덕분에 쌀의 품종별로 독특한 향기를 품은 매력적인 술을 빚을 수가 있답니다.
흑미나 현미로 만든 술은 쌀을 씻고 불리는 방법부터 달라요. 현미 술을 수없이 망쳐본 결과
문헌에 나오는 백설기 단양주인 '층층지주법'을 이용해 당화를 돕고 발효를 훨씬 수월하게 하는
이 레시피를 완성했습니다. 이제 실패 없이 맛있는 술을 빚어보세요.

재료

흑미(현미) 1kg
물 900ml
누룩 150g

1 흑미는 깨끗이 씻어 24시간 물에 불려주세요. 불린 흑미는 30분간 물을 빼고 가루로 내려줍니다.

2 물 200ml와 흑미가루를 잘 섞어 중간체에 내려주세요.

3 찜기에 면보를 깔고 쌀가루를 평평하게 안칩니다. 주걱으로 열십자를 그려준 후 20분간 쪄서 백설기를 만들어주세요.

   POINT 쌀가루에 물이 떨어지지 않도록 면보의 모서리 부분을 모아서 뚜껑에 올려주세요.

4 젓가락으로 찔러서 쌀가루가 묻어나오지 않는다면 불을 끄고 10분간 뜸을 들여주세요.

5 잘 식은 백설기를 양푼에 담고 남은 물 700ml와 누룩을 넣고 잘 섞어줍니다.

6 깨끗이 소독한 발효통에 담아준 후 25℃에서 5~7일 동안 발효합니다. 술을 빚은 후 24시간 후부터 하루에 2번씩 술덧을 꼭 저어주세요.

   POINT 흑미와 현미 모두 술을 빚는 과정과 방법은 동일합니다.

TIP

백설기를 만들 때는 물 주기를 쌀 양 대비 20~30%로 해주면 됩니다. 쌀의 종류에 따라 물의 양도 달라지니 손으로 쥐어가면서 수분을 잡아주세요. 현미 쌀가루를 내기 어렵다면 현미밥으로 술을 빚어도 됩니다.

술 빚은 당일 |

발효가 완료된 모습 |

WINTER

겨울

겨울은 기온이 떨어져 술 빚기가 어려울 것 같지만 오히려 상온에 두어도
저온 발효를 할 수 있어 좋은 술맛을 기대할 수 있는 계절이에요.
윤주당의 유자 막걸리와 귤 막걸리 맛을 잊지 못해 돌아오는 겨울만 기다리시는 분들도 많답니다.
겨울이 제철인 감귤류 과일이 쌀로 빚은 술에 맛있는 산미와 짜릿함을 더해줄 거예요.

유자 막걸리

YUZU
makgeolli

윤주당 클래스에서 가장 인기 있는 막걸리예요. 이 레시피라면 누가 빚어도 맛있는 막걸리를
만들 수 있답니다. 고흥 유자를 준비해서 청을 담가 두었다가 겨우내 만들어 먹어요.
백설기 같은 담백한 떡과 함께 간식으로 드셔보세요.

재료

찹쌀 1kg
물 800ml
누룩 150g

부재료

수제 유자청 200g
유자 껍질(유자 피) 10g

1 술 빚기 전날 냄비에 물과 유자 껍질을 넣고 팔팔 끓인 다음
  하룻밤 동안 식혀주세요.

2 찹쌀로 고두밥을 지어줍니다. 고두밥을 잘 식혀 양푼에 담고 유자
  껍질 우린 물, 유자청, 누룩을 넣어주세요.

3 고두밥에 끈적임이 생기도록 20분간 잘 섞어줍니다. 전체적으로
  재료가 고르게 퍼질 때까지 충분히 섞어주세요.

4 깨끗이 소독한 발효통에 담아준 후 발효합니다. 실내 온도가 아주
  낮은 계절이기 때문에 발효통을 전기 장판에 올리고 25℃에서
  5~7일간 발효해주세요.

물 끓일 시간이 없다면 유자 껍질을 고두밥을 섞을 때 직접 넣어줘도 됩니다. 15~18℃에서 2주간 후발효를 해주면 향이 더 좋은 막걸리를 얻을 수 있어요.

술 빚은 당일

발효가 완료된 모습

석류 막걸리

POMEGRANATE
makgeolli

크리스마스를 기다리며 파티에 가져갈 막걸리를 준비합니다. 상큼한 석류에 솔잎을 넣어 맛의
밸런스를 잡아요. 맑은술에 석류알을 동동 띄워 즐겨보세요.

재료

찹쌀 1kg
물 800ml
누룩 150g

부재료

석류알 50g
석류청 100g
말린 솔잎 약간

1   찹쌀로 고두밥을 지어줍니다. 고두밥을 잘 식혀 양푼에 담고
    분량의 물, 누룩, 석류알, 석류청을 넣어주세요.

2   고두밥에 끈적임이 생기도록 20분간 잘 섞어줍니다. 전체적으로
    핑크빛이 고르게 퍼질 때까지 충분히 섞어주세요.

3   마지막에 솔잎을 넣고 잘 섞어주세요.

4   깨끗이 소독한 발효통에 담아준 후 25℃에서 5~7일간
    발효합니다. 술을 빚은 후 24시간 후부터 하루에 2번씩 술덧을 꼭
    저어주세요.

석류청 대신 집에 있는 석류즙을 활용해도 괜찮아요. 더욱 붉은색을 내고
싶다면 히비스커스 티 냉침한 물을 준비해주세요. 이 막걸리는 말린 솔잎
의 시원한 향과 씁쌀한 여운이 석류의 단맛과 조화를 이룬답니다.

술 빚은 당일

발효가 완료된 모습

감귤 막걸리

MANDARIN ORANGE
makgeolli

겨울이 기다려지는 이유! 바로 감귤 막걸리를 빚을 수 있기 때문이죠. 물 대신 직접 갈아서 거른 감귤즙으로 빚어, 상큼한 향과 자연스러운 단맛이 살아 있어요. 제주도에서 맛있는 귤이 나오는 시즌을 놓치지 마세요.

재료

찹쌀 1kg
귤 1.5kg
누룩 150g

1   껍질을 벗긴 귤을 믹서기에 갈아주세요. 거름망에 걸러 찌꺼기를
     제거하고 귤즙을 만들어주세요.

2   찹쌀로 고두밥을 지어줍니다. 고두밥을 잘 식혀 양푼에 담고
     귤즙, 누룩을 넣어주세요.

3   고두밥에 끈적임이 생기도록 20분간 잘 섞어줍니다. 전체적으로
     재료가 고르게 퍼질 때까지 충분히 섞어주세요.

4   깨끗이 소독한 발효통에 담아준 후 25℃에서 5~7일간
     발효합니다. 술을 빚은 후 24시간 후부터 하루에 2번씩 술덧을 꼭
     저어주세요.

TIP

당도(Brix)가 높은 귤을 고르는 게 중요해요. 천혜향, 한라봉, 레드향이 선물로 들어오면 술을 빚어보세요.

술 빚은 당일

발효가 완료된 모습

모주(코리안 뱅쇼)

MOJU
(KOREAN VIN CHAUD)

모주는 술지게미를 약재와 함께 한 번 더 끓여낸 술이예요. 전주에서는 콩나물국밥과 함께 아침 해장술로 즐기기도 하죠. 술을 끓이면 알코올이 대부분 날아가기 때문에 음료처럼 마실 수 있어요. 추운 겨울에 모주를 따뜻하게 데워 웰컴 드링크로 내어보세요.

재료

물 3L
유자 막걸리 지게미 500g

부재료

대추 200g
감초 20g
생강 50g
유기농 원당 100g
통계피 2~3조각
갈근가루 5g

1   냄비에 물, 대추, 감초, 생강, 통계피를 넣고 중약불에서
    30~40분간 끓여서 재료의 맛을 충분히 우려냅니다.

2   불을 중약불로 줄이고 유자 막걸리 지게미를 넣어주세요.

3   물이 1~1.5L 정도로 줄어들 때까지 20~30분간 약불에서 은근히
    끓여줍니다.

4   갈근가루를 소량의 물에 개어 넣고, 원당을 추가한 뒤 10분간
    뭉근하게 끓여주세요.

5   불을 끄고 충분히 식힌 다음 거름망에 거르면 완성입니다.

    TIP 흑설탕을 넣으면 진한 색을 내기에 좋아요. 모주에 들어가는 설탕
    또는 꿀의 양은 취향에 맞게 조절해보세요. 술지게미가 없을 때는 막
    걸리를 3L 넣고 끓여주면 됩니다.

윤주당의 막걸리 발효 팁

술이 실패하는 경우

술덧의 품온이 30℃ 이상 계속 되는 경우
⇨ 용기 뚜껑을 열고 저어주며 발효 온도를 낮춰줍니다.

누룩의 양이 적거나 누룩이 나쁠 때
⇨ 당화력이 좋지 않거나 효모의 품질이 좋지 않은 경우입니다.

쌀 양보다 물의 양이 너무 많은 경우
⇨ 알코올 도수가 떨어지면 술덧이 오염될 수 있어요.

술 빚는 도구나 그릇, 항아리 등이 오염되었을 때
⇨ 술을 빚기 전에 뜨거운 물과 알코올로 도구를 꼭 소독해주세요.

현미 또는 쌀이 잘 쪄지지 않았을 때
⇨ 당화의 어려움으로 술이 산패됩니다.

그 외에도 젖산이 지나치게 생성되는 경우 등의 원인이 있습니다.

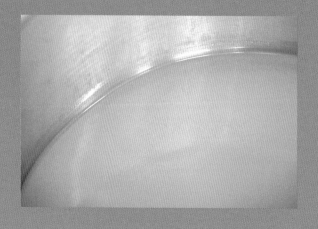

발효 중 망한 술 살리기

○ 술을 빚고 2일이 지났는데 고두밥 표면에 흰 곰팡이가 폈다면 그 부분만 얼른 걷어서 버리고, 바닥 깊숙이 주걱을 넣어 세게 위아래를 섞어주듯 저어주세요.

○ 초기에 단맛이 올라오지 않고 쌀알을 만졌을 때 분해되지 않는 것처럼 보인다면 고두밥이나 발효 온도에 문제가 있을 수 있어요. 초기 발효 온도가 너무 낮게 설정되어 있다면 25℃ 정도로 올려주시고, 온도가 적당한데 당화가 지연되고 있다면 밥이 너무 딱딱하거나 익지 않은 생쌀이 들어간 것이니 개량 누룩을 5g 정도 넣어주세요.

○ 단맛만 있고 알코올 발효가 더딘 것 같아 보이면 알코올 발효에 문제가 있는 것이니 물 100ml에 누룩 50g을 넣어 잘 불린 다음 술덧에 추가하고 저어주세요.

해외에서 누룩을 못 구했을 때 술 빚는 방법

재료

쌀 1kg, 물 1L, 엿기름 400g, 효모 2g

1 물 1L에 엿기름 400g을 넣고 1시간 정도 불렸다가 거름망에 걸러주세요.

2 엿물에 고두밥을 넣고 효모 2g을 넣어 잘 섞어준 다음 25℃에서 발효해줍니다.

TIP

누룩이 없을 때는 효모만 이용해서 술을 빚어보세요. 밥은 최대한 무르게 찌고 엿기름물을 넣어서 당화를 도모하는 방법입니다. 한국의 양조장에서 가장 많이 쓰는 효모는 빵 효모예요. 술 효모를 구할 수 있다면 맥주, 와인, 사케 효모 모두 괜찮습니다.

참 신기하기도 하지요. 주모가 되고 좋아하는 걸 하게 되니 그 이후는 새롭고 반가운 인연만 기다리고 있었습니다. 해외에 나가서 술 빚기 클래스를 하고, 한국 막걸리 문화를 소개할 수 있는 기회까지 생겼답니다.

사실 처음 해외에서 술을 빚었던 날은 미국 샌디에고에 있는 삼촌댁에 갔을 때였어요. 맥주와 와인을 조금씩 즐기는 삼촌에게 막걸리를 빚어드리려고 한국에서 누룩을 가져갔답니다. 마땅한 발효 용기가 없어서 플라스틱 컨테이너에 술을 빚었는데, 장인은 장비를 탓하지 않는다고 했던가요. 현지의 쌀과 물, 한국에서 가져간 누룩으로 막걸리를 만들었더니 신기하게도 한국에서 만든 술맛이 났습니다.

인도 뉴델리에 위치한 한국 대사관저는 김수근 건축가가 설계한 건물로, 이곳에서 진행했던 막걸리 클래스가 너무 아름다워 아직도 기억에 많이 남습니다. 안뜰에서 누룩을 법제하고, 공작새가 있는 정원을 바라보며 아름다운 고가구와 미술품에 둘러싸여 술을 빚었습니다. 술 빚기가 가진 문화적인 가치를 더욱 생각해 볼 수 있던 경험이었어요. 당시 현지 날씨가 체감상 40도에 달해서, 이런 경우 발효를 빨리 끝내고 냉장 숙성을 오래 하는 편이 좋아 그러한 방법을 알려드렸습니다.

한번은 텍사스에 계신 교민분께 DM이 온적이 있었습니다. "기온이 50도에 달하는데 막걸리를 빚는 게 가능할까요?" 하는 질문이었습니다. 우리가 누구겠습니다. 사계절 열두 달 내내 술을 빚어서 마셨던 민족 아니겠습니까. 제가 생각하는 가능한 방법을 알려드렸는데, 맛있게 빚어서 잘 드셨는지 궁금합니다.

2023년에는 벨기에 브뤼셀의 한국 문화원에서 막걸리 클래스와 테이스팅 이벤트를 열었습니다. 현지에서 살고 있는 외국분들의 신청만 받았는데도 대기자가 많이 생길 정도로 빠르게 마감되었죠. 한국 문화와 식문화에 대한 유럽 사람들의 높은 관심과 애정을 확인할 수 있던 날이었습니다.

프랑스 쥐라의 와이너리에 포도를 따러 갔을 때는 수확 전날의 파티에서 제가 직접 빚은 약주를 호기롭게 꺼내 들은 적도 있답니다. 화이트와인과 비교 테이스팅을 한번 해보자면서요. 다음날 포도를 수확하면서 포도잎의 냄새를 맡아보며 '우리나라의 연잎처럼 포도잎에도 야생 효모가 있다면 막걸리에서 어떤 향이 날까?' 하는 호기심에 쥐라에서 풀사르 포도잎을 가져다가 파리에서 막걸리를 빚어보았답니다. 참 재미있지요. 빚으면 빚을수록 궁금증과 호기심이 불끈 솟으니 술 빚는 것이 늘 새롭고 재밌을 수밖에요.

모험을 즐기는 자에게는 맛있는 술이 기다리고 있는 법! 파리에서 열린 막걸리 클래스에는 프랑스인 셰프가 직접 담근 깍두기와 독학해서 빚은 막걸리를 들고 왔습니다. 한국에서 지냈던 몇 년간 막걸리에 푹 빠지게 되었고, 프랑스로 돌아와서는 막걸리를 독학했다고 하니 놀라지 않을 수가 없었어요. 술과 음식은 떼려야 뗄 수 없는 관계이며 '하나의 문화'라는 것을 다시 한번 깨달은 날이었습니다.

우리가 전통주를 먼저 기꺼이 즐기고 빚고 마시다 보면 자연스럽게 더 많은 세계인들이 우리술에 대한 관심과 사랑을 가지게 되지 않을까요?. 쌀과 물, 자연 발효한 누룩만 있다면 언제 어디서든 막걸리를 빚을 수 있다는 게 우리나라 전통주의 가장 큰 매력이랍니다. 누룩 들고 세계 어느 곳이든! 막걸리로 물들일 준비 완료!

FOUR SEASONS CHEONGJU RECIPE

CHAPTER 7

사계절 맑은술 레시피

앞서 전통주를 빚으면 탁주와 맑은술을 모두 얻을 수 있다고 배웠지요.
맑은술, 즉 약주를 빚는다는 것은 결국 좋은 술을 빚는 일입니다.
술의 전분을 가라앉히고 마실 것인가, 흔들어서 마실 것인가는 순전히
취향 차이지만 맑은술의 깔끔함을 한번 맛보면 잊기가 힘들답니다.

우리술은 다양한 곰팡이와 효모가 들어 있는 누룩으로 술을 빚기 때문에
풍부한 향기를 얻을 수 있습니다. 쌀에서 오는 요거트 향부터 상큼한
과일 향, 이국적인 열대 과일 향, 여름의 잘 익은 과일 향, 흰꽃 향, 국화
향, 싱그러운 초록잎 향, 나무나 낙엽 향 등 술에는 자연에서 맡을 수 있는
다양한 향들이 가득 차 있습니다. 발효가 진행되며 아미노산, 지방 등이
분해될 때 다양한 향기 성분이 생긴다고 합니다.

낮은 온도에서 효모가 스트레스 받지 않고 천천히 발효해야 비로소
술에서 깊은 향기가 깨어난다고 하니 오래 참고 기다릴수록 생각지도
못한 향기를 만날 확률이 높아져요. 밑술을 빚는 이유는 효모의 양을
늘리고 건강하게 키우기 위해서입니다. 고두밥으로 덧술을 하면 술의
양도 늘리고 알코올 도수도 높일 수 있어요. 이제부터 알려드리는 4가지
밑술 방법을 마스터해서 화이트와인에 견줄 만한 향기로운 맑은술을
직접 빚어보세요.

공통 과정

STEP 1

쌀가루 만들기

1 멥쌀을 맑은 물이 나올 때까지 씻은 다음 물에 담가 3시간 이상 불려주세요. 불린 쌀은 30분간 물을 빼줍니다.

2 방앗간에 가서 소금과 설탕을 넣지 않고 불린 쌀을 가루로 빻아줍니다. 또는 온라인에서 습식 쌀가루를 구입해도 됩니다.

3 쌀가루를 중간체와 고운체에 2번 내려줍니다.

4 준비된 쌀가루는 밀폐해서 냉장 보관하고 사용하기 전날 상온에 꼭 꺼내주세요.

POINT 건식 쌀가루를 구입했다면 레시피에서 물의 양을 20% 정도 늘려주세요.

TIP

방앗간 롤러는 고춧가루, 미숫가루도 빻기 때문에 쌀가루를 빻을 때는 떡집에 부탁하는 게 좋아요. 떡집은 아침부터 떡을 만들고 롤러를 청소하니, 보통 오후 1시 이전에 가져가고 미리 2kg가량의 쌀가루를 만들어 냉동고에 소분해 놓았다가 사용하면 편리합니다. 쌀알은 푸드 프로세서나 믹서로 갈면 잘 갈리지 않아요. 방앗간에 가서 직접 가루를 빻아오기 어렵다면 온라인 떡 쇼핑몰에서 습식 쌀가루를 구입해주세요.

죽 밑술로 빚기

전분을 가장 푹 익혀 주는 형태로 풍부한 아로마를 얻을
수 있어요. 또한 물에 부재료를 넣고 같이 끓여주기에도
좋습니다.

밑술

멥쌀가루 250g
물 1.2L
누룩 120g

덧술

찹쌀 1kg

술 빚은 당일

1 쌀가루에 미지근한 물 600ml를 넣고 잘 개어주세요.

2 남은 600ml의 물을 냄비에 넣고 끓여주세요. 물이 팔팔 끓으면 1의 죽을 넣어주세요.

3 중불에서 죽이 충분히 익을 수 있도록 주걱으로 천천히 저어주세요.

4 큰 기포가 터지는 게 보인다면 다 익은 거예요. 뚜껑을 닫고 10분간 뜸을 들여주세요.

5 넓은 양푼에 죽을 옮겨 담고 20℃로 식힌 다음 누룩을 넣어주세요.

6 약 20분 동안 죽이 부드럽게 흐르는 느낌이 들 때까지 충분히 섞어줍니다.

7 깨끗이 소독한 발효통에 담고 25℃에서 2일간 발효합니다. 발효가 완료되면 덧술을 준비합니다.

TIP

멥쌀 200g을 1시간 정도 불린 다음, 물기를 빼서 같은 양의 물에 넣고 천천히 죽을 쑤면 통쌀죽이 완성됩니다. 쌀가루를 내기 힘들 때 간편하게 사용해보세요.

범벅 밑술로 빚기

물의 양을 줄여 달콤한 술을 빚고 싶을 때 사용해보세요.

밑술

멥쌀가루 250g
물 750ml
누룩 120g

덧술

찹쌀 1kg

술 빚은 당일

1 쌀가루를 양푼에 담고 주걱으로 3등분으로 선을 그어주세요.

2 물을 주전자에 넣고 팔팔 끓여줍니다. 쌀가루의 한 구역에 끓는 물을 붓고 생쌀과 물을 잘 섞어주세요.

3 남은 물도 계속 뜨겁게 끓이면서 나머지 구역에 부어줍니다. 쌀가루를 물과 섞어 골고루 잘 익혀주세요.

4 쌀가루가 속까지 잘 익어서 가루가 보이지 않는다면 남은 물을 양푼에 모두 부어서 범벅이 잠기게 해주세요.

5 20℃ 정도로 식힌 다음 누룩을 넣고 약 20분간 잘 섞어주세요.

6 범벅을 주걱이나 손으로 들어 올렸을 때 끊어지는 느낌이 들 때까지 충분히 버무려줍니다.

7 깨끗이 소독한 발효통에 담고 25℃ 2일간 발효합니다. 발효가 완료되면 덧술을 준비합니다.

백설기 밑술로 빚기

담백한 맛이 매력적인 백설기 술은 물의 양을 조절할 수 있어 수분이 많은 부재료를 넣을 때 활용합니다. 소곡주, 약산춘, 방문주, 법주 등에 이용되는 밑술법이에요.

밑술

멥쌀가루 250g
물 1L
누룩 120g

덧술

찹쌀 1kg

술 빚은 당일

1 멥쌀가루에 물 75ml를 넣고 잘 섞어주세요.

2 손으로 쥐었을 때 뭉쳐질 정도가 되면 적당합니다.

3 반죽을 중간체에 한 번 내려주세요.

4 찜기에 면보를 깔고 쌀가루를 평평하게 안칩니다. 주걱으로 열십자를 그려준 후 20분간 쪄서 백설기를 만들어주세요.

5 젓가락으로 찔러서 쌀가루가 묻어나오지 않는다면 불을 끄고 10분간 뜸을 들여주세요.

6 양푼에 백설기를 옮겨담고 20℃까지 식힌 다음 누룩과 남은 물을 넣어주세요.

7 술덧을 골고루 잘 섞어줍니다.

8 깨끗이 소독한 발효통에 담고 25℃에서 2일간 발효합니다. 발효가 완료되면 덧술을 준비합니다.

고두밥 밑술로 빚기

톡톡 쏘는 드라이한 술을 좋아하시는 분들은 멥쌀 이양주에 도전해보세요.

밑술

멥쌀 200g
물 1.25L
누룩 150g

덧술

멥쌀 1kg

(84~93쪽 참고)

1   멥쌀을 깨끗이 씻고 6시간 불린 다음 고두밥을 만들어주세요.

2   채반에 고두밥을 펼쳐 차갑게 식혀줍니다.

3   넓은 양푼에 고두밥, 물, 누룩을 넣어주세요.

4   고두밥이 부드러워 질 때까지 20분 동안 잘 섞어줍니다.

5   깨끗이 소독한 발효통에 담고 25℃에서 2일간 발효합니다.
    발효가 완료되면 덧술을 준비합니다.

밑술 냉각하기

STEP 2

밑술의 발효가 시작되고 24~48시간이 되면 술 상태를 확인한 뒤 뚜껑을 닫고 잠시 냉장고에 넣어주세요. 효모의 활동을 더디게 하도록 6시간 동안 냉각 시간을 가졌다가 다시 상온에 꺼내놓으면 됩니다. 그동안 쌀을 씻고 불려서 덧술을 준비해주세요. 삼양주를 빚는다면 두 번째 밑술을 준비해주시면 됩니다.

밑술의 발효가 다 되었다는 신호는
어떻게 알 수 있을까요?

○ 보글보글 술 표면이 끓어오르고 거품이 일어나는 것이 보여요.

○ 냄새를 맡았을 때 이산화탄소가 생성되어 코를 매큼하게 찔러요.

○ 발효통에 귀를 기울이면 이산화탄소가 터지는 소리가 톡톡 떨어지는 빗소리처럼 들려요.

○ 살짝 맛을 봤을 때 단맛 → 신맛 → 알코올의 쓴맛까지 고루 느낄 수 있을 때가 최적기입니다.

○ 단맛만 느껴진다면 당화만 진행된 상태로 12시간 또는 24시간 정도 더 지켜봐주세요.

덧술하기

STEP 3

앞서 4가지 밑술법을 배웠으니 이제 덧술을 해볼 차례입니다. 보통 밑술을 빚고 이틀 뒤에 덧술을 해주면 됩니다. 25℃보다 낮은 온도에서 밑술을 발효했다면 덧술을 조금 더 천천히 넣어야겠지요. 집에서 편하게 작업할 수 있는 덧술의 양인 쌀 1kg에 맞춰 레시피를 구성했어요. 총 5L 용량의 발효통을 준비해주세요.

1   밑술이 냉각되는 동안 앞서 배운 방법대로 쌀을 씻고 불려서 준비해주세요.(85~86쪽 참고)

2   챕터 5에서 배운 대로 고두밥을 지어 충분히 식혀주세요.(87~89쪽 참고)

3   넓은 양푼에 고두밥을 옮겨 담고 밑술과 섞어줍니다. 고두밥이 밑술을 다 흡수하고 끈기가 생길 때까지 버무려주면 됩니다.

4   이양주 이상으로 술을 빚을 때의 발효 온도는 저온으로 하는 것을 추천합니다. 2~3일간 25℃에서 기본 발효, 15~18℃에서 4주간 후발효를 해주시면 훨씬 술맛이 좋아져요. 만약 25℃의 상온에서 발효를 해야 한다면 총 2주 정도 발효해주세요.

덧술 후 발효가 완료된 맑은술

 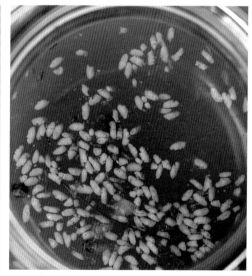

봄

Spring

목련주

MAGNOLIA FLOWER
Cheongju

봄이 되면 제일 먼저 꽃망울을 터뜨리는 순백의 꽃, 목련으로 이양주를 빚어요. 백목련의 화사한 향에 감탄하고, 농밀한 맛에 반하실 거예요. 잔에 술이 줄어드는 게 애석하다는 말이 절로 나온답니다.

밑술

멥쌀가루 250g
누룩 150g
물 1.2L

덧술

찹쌀 1kg
말린 목련꽃 5g

1 멥쌀가루로 죽 밑술을 만들어주세요. (204쪽 참고)

2 죽 밑술을 식혀 누룩과 물을 넣고 잘 섞어주세요. 발효통에 담고
   25℃에서 1~2일간 밑술을 발효합니다.

3 찹쌀로 고두밥을 지어 덧술을 해주세요. 고두밥과 발효된 밑술을
   잘 섞어줍니다.

4 말린 목련꽃을 넣어주세요.

5 발효통에 담고 25℃에서 2~3일간 발효한 후 15~18℃에서 4주간
   후발효를 합니다.

덧술한 당일 | 덧술한 지 1주일 후 | 발효가 완료된 모습 |

여름

Summer

토종 복분자 과하주

BOKBUNJA
Gwahaju

과하주(過夏酒)는 여름을 견디는 조상들의 지혜가 담긴 술입니다. 무더운 여름, 술덧이 지나치게 발효되어 쉬어버리는 것을 막기 위해 선조들은 중간에 증류주를 더하여 도수는 높이되 발효를 억제하는 방법을 사용했습니다. 과하주에 관해 《음식디미방》에는 "달콤하면서도 독하다"라고 기록되었고, 《증보산림경제》에서는 "독하거나 달거나 자기 식성대로 한다"라고 쓰여 있습니다. 소주를 붓는 시기에 따라 달콤하거나 드라이한 맛의 과하주를 만들 수 있어요. 토종 복분자를 넣으면 달콤하면서도 진한 맛이 더해져, 한국의 포트와인 같은 특별한 술이 완성됩니다.

재료

찹쌀 1kg
누룩 150g
토종 복분자 800g
증류주(알코올 도수 35%) 600ml

1 찹쌀로 고두밥을 지어주세요.

2 고두밥을 잘 식혀 양푼에 담고 누룩, 토종 복분자를 넣어줍니다.

3 고두밥에 끈적임이 생기도록 20분간 잘 섞어줍니다.

4 발효통에 담고 25℃에서 3일간 발효합니다.

5 3일 후 술덧에 증류주를 붓고 1주일 더 발효해주세요.

TIP

단맛이 강한 과하주를 원하면 2~3일째에, 담백한 과하주를 원하면 발효
5~6일째에 증류주를 넣어주세요.

술 빚은 당일 | 증류주를 붓고 섞어준 모습 | 발효가 완료된 모습 |

여름

Summer

청포도 약주

SHINE MUSCAT
Yakju

청포도 시즌이 오면 꼭 빚는 술이에요. 화이트와인 대신 데일리로 마실 수 있는 맛있는 청포도 약주랍니다. 포도의 껍질과 과육을 짜낸 즙에 고두밥을 더하면 부드러운 산미와 단맛이 좋은 술이 됩니다. 덧술에 포도즙이 모두 들어가기 때문에 효모를 강하게 배양하는 누룩 부스터를 만들어서 밑술로 활용해보세요.

밑술

멥쌀가루 200g
누룩 150g
물 200ml

덧술

찹쌀 1kg
포도즙 1L

1   멥쌀가루로 범벅 밑술을 만들어주세요. (206쪽 참고)

2   범벅을 식혀 누룩과 물을 넣고 잘 섞어주세요. 발효통에 담고 25℃에서 2일간 밑술을 발효합니다.

    POINT 1:1:1의 비율에 가까운 섞임법입니다. 덧술에 물이 많이 들어가니 효모 배양을 위한 부스터를 만들어줍니다.

3   포도 2kg를 껍질째 갈아서, 거름망에 짜면 약 1L의 즙을 얻을 수 있어요.

4   찹쌀로 고두밥을 지어 밑술, 포도즙과 함께 섞어주세요.

5   발효통에 담고 25℃에서 2~3일간 발효한 후 15~18℃에서 4주간 후발효를 합니다.

덧술한 당일 | 덧술한 지 1주일 후 | 발효가 완료된 모습 |

가을

Autumn

오종주방문

OJONG JUBANGMUN
Cheongju

잣, 대추, 계피, 후추, 생강 이렇게 다섯 가지 재료를 넣어 빚는 맑은술이에요. 한국적인 향신료가 발효되며 만들어지는 복합적인 맛과 향이 매력적인 술입니다. 갈비찜, 산적 같은 명절 음식에 곁들여 드셔보세요.

밑술

멥쌀가루 250g
누룩 150g
물 1L

덧술

찹쌀 1kg
대추, 계피, 후추, 생강, 잣 적당량

1 　멥쌀가루로 백설기 밑술을 만들어주세요. (208쪽 참고)

2 　백설기를 식혀 누룩과 물을 넣고 잘 섞어주세요. 발효통에 담고
　　25℃에서 2일간 밑술을 발효합니다.

3 　찹쌀로 고두밥을 지어 덧술을 해주세요. 고두밥과 발효된 밑술을
　　잘 섞어줍니다.

4 　대추, 계피, 후추, 생강을 넣어줍니다.

5 　잣은 절구에 빻아 키친타월로 기름을 제거하고 넣어주세요.

6 　발효통에 담고 25℃에서 2~3일간 발효한 후 15~18℃에서 4주간
　　후발효를 합니다.

덧술한 당일

덧술한 지 1주일 후

발효가 완료된 모습

겨울

Winter

백화주

A HUNDRED FLOWERS
Cheongju

봄부터 겨울까지 나는 색색의 꽃을 말려서 빚는 술이에요. 꽃을 고두밥에 흩뿌리는 순간 벌써
향에 취해버린답니다. 삼양주 기법으로 향기를 끌어올리고, 담백하고 높은 알코올 도수를
지닌 술을 빚어보아요. 이번 백화주에는 목련, 아카시아, 벚꽃, 매화, 생강나무꽃, 진달래, 팬지,
복숭아꽃, 메리골드, 맨드라미, 구절초, 국화꽃, 장미 등을 넣어보았습니다.

밑술 1

멥쌀 250g
누룩 150g
물 500ml

밑술 2

멥쌀 250g
물 500ml

덧술

찹쌀 1kg
백화 10g

1 멥쌀로 고두밥을 만들어주세요. (210쪽 참고)

2 고두밥을 식혀 누룩과 물을 넣고 잘 섞어주세요. 발효통에 담고
  25℃에서 1~2일간 밑술을 발효합니다. (밑술 1)

3 멥쌀로 고두밥을 지어 2의 발효된 밑술, 물을 넣고 잘 섞어줍니다.
  발효통에 담고 다시 25℃에서 1~2일간 발효합니다. (밑술 2)

4 찹쌀로 고두밥을 지어 덧술을 해주세요. 고두밥과 발효된 밑술을
  잘 섞어줍니다.

5 말린 백화를 넣어줍니다.

6 발효통에 담고 25℃에서 2~3일간 발효한 후 15~18℃에서 4주간
  후발효를 합니다.

덧술한 당일   덧술한 지 1주일 후   발효가 완료된 모습

청명주

CHEONGMYEONGJU
Cheongju

쌀을 삭히다시피 하여 빚는 독특한 술로 산미와 감미가 조화로워 맑은술로 드시기에 정말
좋습니다. 하늘이 맑고 푸른 4월 청명일에 마시는 절기 술이에요. 2월 중순 즈음 빚어보세요.

밑술

찹쌀가루 120g
누룩 100g
물 1L
밀가루 10g

덧술

찹쌀 1kg

1   찹쌀가루로 범벅 밑술을 만들어 주세요. (206쪽 참고)

2   범벅을 식혀 누룩과 물을 넣고 잘 섞어주세요. 발효통에 담고
    15~18℃ 정도 저온에서 10일간 발효합니다. 하루에 1번씩 술덧을
    저어주세요.

3   밑술 발효가 시작되면 동시에 덧술용 찹쌀 1kg를 씻어서
    불려주세요.

4   밑술이 발효되는 10일 동안 찹쌀을 물에 담가놓습니다.

    POINT 겨울이 아니라 다른 계절에 청명주를 빚는다면 밑술
    발효 기간, 쌀 불리는 시간을 5일 이내로 줄여주세요.

5   오랫동안 찹쌀을 불린 만큼 알갱이가 잘 깨지기 쉬우니 손을 대지
    말고 물로만 여러 번 헹궈주세요.

6   찹쌀로 고두밥을 지어 덧술을 해주세요. 고두밥과 발효된 밑술을
    잘 섞어줍니다.

7   발효통에 담고, 15~18℃ 저온에서 50일 정도 발효해주세요.

덧술한 당일

덧술한 지 1주일 후

발효가 완료된 모습

윤주당의 맑은술 빚기 팁

술의 양을 늘려서 빚는 방법

이양주의 양을 늘리고 싶다면 쌀과 물을 재료의 4배로 준비하시면 됩니다. 누룩은 총 쌀 무게의 10% 정도이니 400~500g을 넣어주세요.

맑은술을 떠내고 남은 앙금으로 막걸리 만들기

잘 빚어진 술은 남은 앙금에 물을 섞어 희석해도 맛있습니다. 맑은술을 떠내고 남은 앙금을 버리지 말고, 앙금 무게의 50% 정도의 물을 넣어 낮은 도수 막걸리로 드셔보세요.

더 투명하고 맑은 술을 만드는 노하우

○ 고두밥으로 밑술을 하면 더 맑은 술을 얻을 수 있습니다.

○ 약주를 다시백에 필터링하면 더욱 맑은 술을 얻을 수 있어요.

맑은술 뜨는 3가지 방법

○ 대나무 용수를 거의 다 익은 술덧에 박아 맑은술이 고이면 떠냅니다. (전통적인 방법)

○ 거른 탁주를 병에 담아 맑은술이 뜨면 다른 병에 계속 옮겨 담습니다. (윗술 뜨기)

○ 숙성 용기를 따로 준비해 갓 짜낸 탁주를 모두 넣어주고 저온에서 숙성하며 얻은 맑은술만 분리합니다.

맑은술 숙성해서 맛있게 마시기

○ 0~4℃ 정도 온도의 김치냉장고 야채칸에서 1~3개월 정도 맑은술을 숙성했다가 드셔보세요.

○ 알코올이 15도 이상으로 도수가 높은 맑은술은 13~15℃ 정도의 화이트와인 보관 온도에서 한 달 정도 숙성하면 변질되지 않고 더욱 맛있어집니다.

○ 산미가 조금 과한 술이 나왔다면 0~4℃ 온도의 냉장고에서 1년 정도 숙성해보세요.

KOREAN DISTILLED SPIRITS, SOJU RECIPE

CHAPTER 8

신의 물방울, 소주

증류주는 막걸리 또는 맑은술 약주를 증류해 만들 수 있습니다.
대량 생산되는 희석식 소주는 주정 공장에서 녹말이나 당분이 포함된
재료를 연속식 증류기에 증류해 95%의 에탄올인 주정을 만듭니다.
이를 각각의 소주 회사로 보내면 각기 다른 감미료와 첨가물을 섞어
여러가지 맛의 소주가 되지요.

전통 방식으로 만드는 우리 소주에는 쌀, 보리, 메밀, 조 등 다양한 곡물을
발효한 증류주와 산수유, 송화, 솔잎, 지초, 배, 생강, 약재 등 지역적
특색을 느낄 수 있는 다양한 부재료를 넣은 장기 침출주 등이 있습니다.
조선시대에는 소주의 종류가 100여 가지나 존재했다고 해요. 직접 내린
소주는 그 향과 풍미가 시판 소주와는 비교가 되지 않지요.

증류주는 보관 기간이 길고, 숙성하면 할수록 맛이 좋아집니다.
요즘에는 위스키처럼 오크통에 숙성하거나 나무 칩을 넣어 숙성한
소주가 인기 있는 추세예요. 직접 소주를 만들어보면 누룩과 곡식이
발효되어 증류되었을 때 나오는 풍부한 아로마도 큰 즐거움이지만,
기본 소주에 다양한 재료를 침출해 그 맛을 응용할 수도 있어요.
이번 챕터를 통해 우리 집 시그니처 소주를 꼭 한번 만들어보세요.

소주 증류 원리

소주는 물과 알코올의 끓는 온도가 다른 것을 활용해 막걸리 또는 맑은술에 있는 알코올을 받아내어 만듭니다. 물은 100℃에서 끓지만, 97% 이상 순수에 가까운 알코올일 경우 78℃에서 끓습니다. 우리가 만든 막걸리나 맑은술의 도수는 이보다 낮기 때문에 보통 85~90℃ 사이에서 소주가 증류됩니다. 알코올이 기화되면 냉각관의 얼음과 차가운 물을 만나 액체가 됩니다. 한 방울 두 방울씩 졸졸 소주가 떨어지는 모습이 얼마나 귀하게 느껴지는지요.

소주를 내리는 일은 꽤 인내심이 필요한데 첫 소주가 몇 방울 똑똑 내려올 때 못 참고 이내 잔을 가져다대고는 맙니다. 아! 그 맛을 어떻게 잊을까요. 소주는 초류-본류-후류로 나뉘는데 앞에 나오는 초-본류 부분에 좋은 향기 성분이 많이 포함되어 있고 후류로 갈수록 전분 탄내가 올라오기 시작합니다. 그러니 보통 내가 가진 술의 25~30% 정도 양을 증류한다고 생각하시면 됩니다.

과실주는 초류에 메틸알코올 함량이 높아 반드시 제거해야 하지만, 쌀로 빚는 술은 메틸알코올이 상대적으로 적은 편입니다. 초류부터 본류의 앞부분까지 향기로운 에스터 성분이 집중되므로, 초류를 지나치게 버리지 않고 조절하여 증류하는 것이 좋습니다.

○ 상압 증류

곡물을 발효해서 만든 발효주를 1기압의 상압 증류기에 단식 증류하여 받은 술

○ 감압 증류

압력을 낮춰 증류주를 제조하는 방법. 끓는점이 낮아 수율이 좋지만 상압 증류에 비해 고비점 향기 성분 함량이 낮아 단조로운 특징이 있다.

소주로 내리면 좋은 술

1   가급적 맑은술을 증류합니다. 만일 증류기에 저어주는 장치가 없다면 막걸리를 넣었을 때 바닥에 전분이 달라붙어 쉽게 타버릴 수 있어요.

2   도수가 높을수록 알코올의 끓는점이 낮아져 향기를 추출하는 데 유리합니다.

3   천천히 발효하고 오래 숙성한 술이 소주로 내렸을 때 맛과 향이 좋습니다.

4   잡곡을 넣어서 술을 빚어보세요. 예상 밖의 좋은 향을 기대할 수 있어요.

증류하기

소줏고리 사용하기

흙으로 구워서 만든 단식 증류기로, 제주 방언으로는 고소리라고 불리기도 합니다. 장구 모양의 형태를 띠며 윗부분에 냉각수를 담습니다.

1 소줏고리 아랫부분에 냄비를 받치고 맑은술을 60% 정도 채워주세요.

2 수제비 반죽 농도의 시룻번을 만들어 소줏고리와 냄비를 연결해주세요. 알코올이 새지 않도록 틈이 없어야 합니다.

3 소줏고리 윗부분에는 차가운 물과 얼음을 채웁니다. 미지근한 물을 자주 퍼내고 갈아줘야 좋은 소주를 내릴 수 있어요.

4 증류할 술을 1/3씩 순서대로 용기에 담아 총 30~35%를 받아주세요.

5 숙성 용기에 담아 주둥이는 꼭 밀봉하고 서늘한 곳에서 최소 6개월 이상 숙성합니다.

   TIP 숙성하면 할수록 알콜취, 이취등이 사라지며 맛은 부드러워지고 향도 좋아집니다.

동증류기 사용하기

포르투갈에서 생산한 구리로 만든 알람빅 동증류기를 사용합니다. 소줏고리 보다 가볍고 열전도율이 낮아 냉각이 수월하다는 장점이 있습니다.

1   증류기 솥의 50%를 술로 채워주세요.

2   증류기 각 접합부는 랩으로 빈틈없이 밀봉해주세요.

3   냉각관에 수중 모터를 설치하고 얼음물을 채워서 가동해주세요.

4   중불에서 증류하기 시작합니다.

5   1/3씩 각각 순서대로 용기에 담아 총 30~35%를 받아주세요.

6   숙성 용기에 담아 주둥이는 꼭 밀봉하고 서늘한 곳에서 최소 6개월 이상 숙성합니다.

기본 소주

소주 증류에 적합한 술을 따로 빚어서 증류해보세요. 조선 후기에 쓰여진《임
원경제지》에는 고구마술인 감저주가 등장합니다. 밑술에 고구마가 들어가는
데 이를 변형해 고구마와 찹쌀을 쪄서 덧술에 넣어주고 물과 누룩도 두 번에
걸쳐 나눠서 넣어줄 거예요. 찹쌀 소주 원주도 충분히 발효하고 숙성해서 풍
미를 끌어올려보세요.

고구마 소주

밑술

멥쌀가루 1kg
누룩 500g
물 2.5L

덧술

찹쌀 2kg
고구마 2kg
누룩 500g
물 2L

1   멥쌀가루에 끓는 물을 넣고 범벅 밑술을 만들어주세요.
    (206쪽 참고)

2   범벅을 식혀 누룩과 물을 넣고 잘 섞어주세요. 발효통에 담고
    25℃에서 2일간 밑술을 발효합니다.

3   덧술용 찹쌀로 고두밥을 짓고, 고구마는 양 끝을 제거해 껍질째
    찝니다. 고두밥과 찐 고구마, 추가 누룩, 발효된 밑술을 잘
    섞어줍니다.

4   발효통에 담고 25℃에서 발효합니다. 기포가 없어지고 발효가
    끝나면 걸러서 한 달간 냉장 숙성한 다음 증류합니다.

찹쌀 소주

재료

찹쌀 4kg
누룩 1kg
물 4.8L

1   찹쌀로 고두밥을 지어 단양주법으로 술을 만듭니다.

2   고두밥을 잘 식혀 양푼에 담고 분량의 물과 누룩을 넣어주세요.

3   고두밥에 끈적임이 생기도록 20분간 잘 섞어줍니다.

4   깨끗이 소독한 발효통에 담고, 25℃에서 맑은술이 뜰 때까지
    충분히 발효합니다.

5   발효된 술을 거르고, 한 달간 냉장 숙성한 다음 증류합니다.

담금주

직접 술을 증류하는 것이 어렵다면 첨가물 없는 소주를 구해 담금주를 만들어보세요. 취향에 따라 다양한 재료를 섞어 손쉽게 만들 수 있고, 선물하기에도 좋답니다. 꽃과 과일, 허브와 약재 모두 다양하게 활용할 수 있어요. 담금주를 만들 때는 알코올 도수 40도 이상의 술을 사용하면 침출 효과가 더욱 높아집니다. 담금주는 시간이 지날수록 맛과 향이 조화롭게 숙성되지만, 일반적으로 2개월에서 6개월 정도 숙성하는 것이 가장 적당합니다.

이강주

IKANGJU
Infused Soju

재료

증류주 1L(알코올 35%)
배 1/2개(300~350g)
생강 15g
꿀 1T

선택 재료

계피(기호에 맞게)
바닐라빈 1개

1 배 반쪽을 깨끗이 씻어서 껍질을 제거합니다.

2 생강을 흐르는 물에 씻고 흙과 껍질을 제거해주세요. 물이 들어가지 않도록 마른 천으로 생강의 수분을 제거합니다.

3 배와 생강을 2L 유리병에 넣고 증류주를 부어주세요.

4 기호에 맞게 꿀을 넣고 선택 재료를 넣습니다.

5 밀봉하여 서늘한 곳에서 보관합니다.

유자 솔잎 국화주

YUJA, PINE NIDDLE, CHRYSANTHEMUM
Infused Soju

재료

증류주 1L(알코올 35%)
유자 껍질(유자 피)
솔잎 적당량
말린 국화 적당량
꿀 1T

1 2L 유리병 안에 말린 유자 껍질과 물기를 제거한 솔잎, 말린 국화꽃을 넣습니다.

2 증류주를 붓고 꿀 1T를 넣어주세요.

3 밀봉하여 서늘한 곳에서 보관합니다.

담금주 보관하는 방법

- 비닐로 병 입구를 밀봉하고, 호일로 빛을 차단합니다. (변색, 향 변질 방지)

- 어둡고 통풍이 잘되는 곳에 보관하고, 햇볕이 들지 않는 곳에서 숙성합니다.

- 최소 2개월, 마른 재료일 경우 길어도 6개월까지만 침출 후 냉장 보관합니다.

- 하루 정도 냉장고에 보관하면 앙금이 가라앉아 맑은 술이 완성됩니다.

APPENDIX

CHAPTER 9

부록

술의 알코올 도수
낮추는 방법

보통 일주일간 발효한 막걸리의 알코올 도수는 10~12% 정도 됩니다. 도수를 낮추려면 물을 타서 희석하면 되는데 이때 내가 가진 술의 50% 분량의 물을 타면 알코올 도수가 6%로 떨어지게 됩니다. 물은 한꺼번에 많이 타지 말고 조금씩 맛을 보면서 희석해보세요.

방법 1.   원주에 생수를 100ml씩 넣어 맛보면서 희석한다.

방법 2.   남은 술지게미에 물을 넣고 불려 막걸리를 만들고, 이를 다시 걸러서 술에 섞어준다.

방법 3.   과일을 착즙하여 물 대신 넣어준다. (과일즙으로 가수하기)

산미가 강한 술
당도 올리기

발효가 길어지거나 온도가 높아 산미가 높게 나왔다면 술에 과일청 또는 꿀, 원당 등을 첨가해보세요.

블렌딩 혼돈주
레시피

조선시대에는 소주가 매우 귀해 막걸리에 조금씩 타서 마셨다고 해요. 찹쌀 막걸리 500ml에 위스키, 레몬을 섞어 먹어보세요.

인퓨징 허브
막걸리 만들기

기본 막걸리에 바질, 로즈메리, 애플민트를 넣고 냉장고에서 하루 동안 냉침 해보세요.

스파클링 막걸리 만들기

원주의 20% 정도 물을 넣어 희석한 다음, 설탕 한 스푼을 넣어주세요. 원당, 꿀, 과일청 모두 사용할 수 있습니다. 병에 담고 하루 정도 상온에 두었다가 냉장고에 보관합니다. 물을 추가해서 알코올 도수가 낮아지고, 당과 함께 재발효가 일어나서 탄산이 생긴답니다.

완성된 스파클링 막걸리

술지게미로
막걸리 만들기
(부재료 추가)

술을 빚고 남은 술지게미는 그냥 버리면 매우 아까워요. 술지게미에 물을 넣고 다시 걸러서 막걸리를 만들어 마실 수 있지만 지게미 양이 적을 때는 맛이 심심해집니다. 그럴 때는 새로운 막걸리를 부어 술지게미 막걸리를 만들어보세요. 발효통에 술지게미를 담고 시판 막걸리를 두 병 정도 넣어줍니다. 감미료가 들어가지 않은 막걸리라면 더욱 좋아요. 이때 좋아하는 과일이나 부재료도 함께 넣어주세요. 냉장고에서 3~4일 동안 뚜껑을 닫고 숙성한 뒤 다시 걸러서 마시면 됩니다. 고두밥에 남은 누룩, 지게미에 남아 있는 효모들이 평범한 막걸리를 더욱 맛있게 만들어줄 거예요.

자주 묻는 질문과 답변
Q&A

Q 발효 시 뚜껑은 꽉 닫아야 하나요?

A 항아리는 뚜껑을 꼭 닫아주시고, 유리병이나 플라스틱 통은 이산화탄소가 빠져나갈 수 있도록 뚜껑을 비스듬하게 얹어주세요. 안 그러면 술이 끓어서 넘칠 수 있어요.

Q 술을 빚고 오랫동안 여행을 떠나게 되었어요. 어떻게 하면 좋을까요?

A 술을 발효할 때는 옆에서 계속 지켜봐주는 것이 가장 좋아요. 너무 더운 때에 장기 여행을 떠나게 된다면 술덧을 냉장고에 잠깐 넣어 발효를 지연시키고 다시 돌아와서 발효해주면 됩니다. 가을이나 겨울에는 상온에 두어도 대체로 문제없을 거예요.

Q 해외에서 술을 빚고 싶은데 온도가 너무 낮거나 덥습니다.

A 더운 지역에서는 누룩을 쌀의 양 대비 30%까지 넣어서 3~4일간 강하고 짧게 발효한 다음, 바로 냉장고에 넣어 숙성해주세요. 추운 지역에서는 이와 반대로 전기장판, 라디에이터 등을 총동원해서 초기 발효 시 25℃를 유지할 수 있도록 해주세요.

Q 냉장고에서 숙성하는 술은 언제까지 마실 수 있나요?

A 술의 도수가 너무 낮으면 저장이 어렵고 쉽게 변질될 수 있어요. 6% 술은 한 달 이내에, 저도주인 8~12% 정도 막걸리는 2개월, 12~17%로 도수가 높은 술은 6개월까지 숙성하고 드시는 것을 추천합니다. 맑은술을 1~3년까지 숙성한 것을 마셔봤는데 맛이 정말 좋았답니다.

윤주당의 사계절 막걸리 레시피

1판 1쇄 인쇄	2025년 5월 20일
1판 1쇄 발행	2025년 5월 29일

지은이	윤나라
펴낸이	김기옥

라이프스타일팀장	이나리
편집	장윤선, 김민주
마케터	이지수
지원	고광현, 김형식

사진	김태훈(TH STUDIO)
푸드 스타일링	하다인(스튜디오 아늑)
스타일링 어시스트	최영은
진행 협조	양시일(윤주당)
촬영 협조	공예 장생호

디자인	onmypaper
인쇄	민언프린텍
제본	우성제본

펴낸곳	한스미디어(한즈미디어(주))

주소 121-839 서울시 마포구 양화로 11길 13(서교동, 강원빌딩 5층)
전화 02-707-0337 | 팩스 02-707-0198 | 홈페이지 www.hansmedia.com
출판신고번호 제313-2003-227호 | 신고일자 2003년 6월 25일

ISBN 979-11-94777-12-0 (13590)